Younus Ahmad Bhat
Asiya Batool
Sabreena Aashaq

No caminho das Histonas para o Cromossoma

Younus Ahmad Bhat
Asiya Batool
Sabreena Aashaq

No caminho das Histonas para o Cromossoma

ScienciaScripts

Imprint

Cover image: www.ingimage.com

This book is a translation from the original published under ISBN 978-620-2-07337-0.

Publisher:
Sciencia Scripts
is a trademark of
Dodo Books Indian Ocean Ltd. and OmniScriptum S.R.L publishing group

120 High Road, East Finchley, London, N2 9ED, United Kingdom
Str. Armeneasca 28/1, office 1, Chisinau MD-2012, Republic of Moldova, Europe
Printed at: see last page
ISBN: 978-620-7-80469-6

Índice

CAPÍTULO 1: HISTÓRIAS

1. INTRODUÇÃO

Nos eucariotas, a informação genética é armazenada no ADN genómico, que é hierarquicamente empacotado num conjunto macromolecular altamente dinâmico, a "cromatina", para ser acomodado no núcleo. A paisagem da cromatina influencia a replicação do ADN e a expressão genética das células. O primeiro nível de organização da cromatina é a unidade fundamental de repetição chamada "partícula do núcleo do nucleossoma", uma fibra de "contas num fio" com um diâmetro de 11 nm, montada num núcleo octamérico de proteínas histonas.

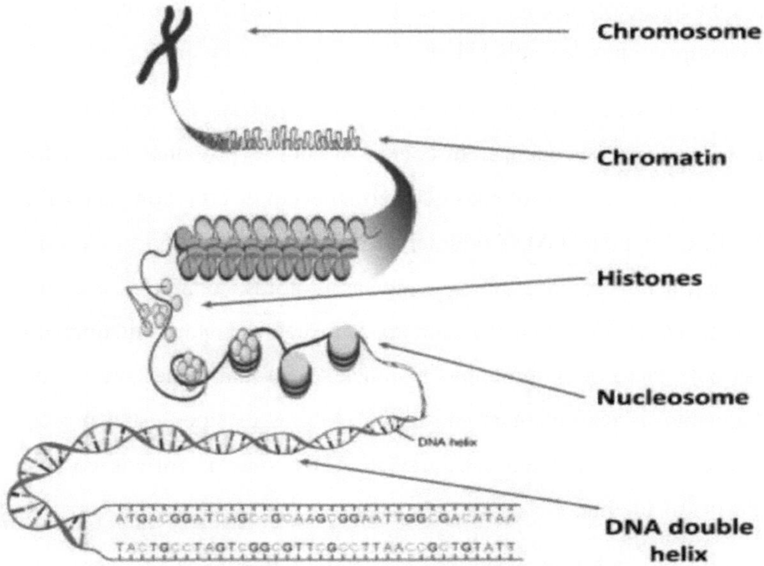

Ordem hierárquica do ADN ao cromossoma

2. HISTÓRIAS

As histonas são uma família de proteínas altamente alcalinas presentes no núcleo das células eucarióticas que se associam ao ADN devido à sua carga positiva e ajudam a condensá-lo na cromatina. São os componentes proteicos essenciais da cromatina, que actuam como bobinas à volta das quais o ADN se enrola, e desempenham um papel crítico na regulação e expressão dos genes - processo através do qual a informação codificada presente nos genes é convertida em estruturas operacionais na célula. Na ausência de histonas, as cadeias lineares de ADN desenroladas nos cromossomas seriam muito longas (com uma relação comprimento/largura de mais de 10 milhões para 1 no ADN humano), o que representa cerca de 1,8 metros de ADN (~6 pés). Este comprimento de ADN é impossível de acomodar dentro do núcleo. Para caber dentro do núcleo e participar na formação dos cromossomas, o ADN enrola-se nas histonas, comprimindo e reduzindo o seu comprimento para cerca de 90 micrómetros (0,09 mm) que, quando condensados e duplicados durante a mitose, resultam em cerca de 120 micrómetros de cromossomas. As histonas ligam-se ao ADN em intervalos regulares ao longo do comprimento da dupla hélice.

Além disso, as histonas não podem trabalhar sozinhas. As proteínas histonas completam as suas funções apenas em coerência com as proteínas não histonas. As proteínas não-histonas são as proteínas que permanecem na cromatina após a remoção das histonas. Estas incluem a ADN polimerase, as proteínas de suporte, a proteína 1 da heterocromatina, a Polycomb e outras proteínas motoras, todas elas com um papel indispensável na estrutura celular. No entanto, as proteínas histonas distinguem-se das não-histonas pelo facto de as proteínas histonas serem altamente conservadas entre espécies, enquanto as não-histonas não o são. Ambos os tipos estão presentes nas células vivas e ambos fornecem estrutura ao ADN, mas as formas como actuam diferem significativamente.

Ao microscópio, na sua forma estendida, a cromatina assemelha-se a contas num fio. As contas são conhecidas como nucleossomas. Cada nucleossoma é constituído por oito proteínas histonas, chamadas octâmero de histonas, à volta das quais o ADN é enrolado. As histonas incluem H2A, H2B, H3 e H4. A cadeia de nucleossomas é então condensada numa espiral de 30 nm chamada solenoide, onde as proteínas histonas H1 adicionais são ligadas a cada nucleossoma para manter a estrutura do cromossoma.

As proteínas histonas desempenham papéis estruturais e funcionais essenciais na transição entre os estados ativo e inativo da cromatina. Embora as histonas tenham um elevado grau de conservação devido a restrições para manter a estrutura global do núcleo octamérico nucleossómico, as variantes evoluíram para assumir diversos papéis na regulação dos genes e no silenciamento epigenético. As variantes das histonas, as suas modificações pós-traducionais e as interacções com os complexos de remodelação da cromatina afectam a replicação, a transcrição, a reparação e a recombinação do ADN.

3. VARIANTES DE HISTONAS

3.1 Histona H2A

A H2A é a histona central com o maior número de variantes. H2AZ e H2AX são as duas variantes da histona H2A, que se encontram na maioria dos eucariotas. H2A-Bbd e MacroH2A são as únicas encontradas em vertebrados. As variantes da histona H2A caracterizam-se pela sua localização no genoma e pelas suas sequências C-terminais divergentes, que são responsáveis pela ligação intra-nucleossoma e pela ligação ao ADN. A parte ácida, envolvida na organização da cromatina de ordem superior, também é alterada entre as variantes H2A. Verificou-se que a H2AZ é responsável pela ativação transcricional na levedura, impedindo a propagação da heterocromatina silenciosa. A H2A-Bbd foi recentemente definida como uma variante da histona com uma cauda C-terminal truncada que é excluída dos cromossomas X inactivos. Assim, a sua localização corresponde à cromatina transcricionalmente ativa. Em contraste, a variante de histona MacroH2A foi encontrada principalmente na cromatina de cromossomas X inactivos, uma vez que é caracterizada pela presença de um macrodomínio não-histona grande adicional que se pensa ter atividade enzimática. Além disso, os nucleossomas que contêm H2A-Bbd são menos estáveis. O H2AX é caracterizado pela presença de uma extensão terminal C com o consenso SQ[E/D]Φ, em que Φ é um aminoácido hidrofóbico. O resíduo de serina no consenso é fosforilado em resposta a quebras de DNA de fita dupla. Além disso, a fosforilação de H2AX ajuda no recrutamento de proteínas que estão envolvidas na reparação do ADN.

3.2 Histona H2B

A histona H2B tem poucas variantes que desempenham papéis especializados na compactação da cromatina durante a gametogénese. A variante H2B registada no ouriço-do-mar tem uma cauda N-terminal com uma repetição pentapeptídica caraterística que é altamente carregada. Algumas variantes de H2B também foram encontradas em células gaméticas masculinas de lírio e, recentemente, em espermatozóides humanos e bovinos, no entanto, os seus papéis específicos ainda não foram explorados.

3.3 Histona H3

As variantes da histona H3 incluem a H3.3, a CenHS e a H3.4. A H3.3 é uma variante da histona que não é regulada pela fase S e está presente na cromatina transcricionalmente ativa. A H3.4 é uma variante da H3 que é específica do testículo e está presente nos espermatócitos primários. A variante CenH3 da H3 está localizada na cromatina centromérica. Tem uma cauda N-terminal extremamente divergente e não partilha qualquer semelhança de sequência com a H3 canónica.

3.4 Histona H4

4) A histona H4 é a histona mais conservada. A H4 estabelece grandes contactos com as outras três histonas centrais na partícula central do nucleossoma, pelo que a sua variabilidade de sequência é limitada. A H4 não tem variantes de sequência definidas; no entanto, existem mesmo variantes de sequência idênticas que são expressas de forma independente do ciclo celular, contrariamente ao período de síntese predominante das histonas na fase S do ciclo celular.

4. ESTRUTURA DAS HISTONAS NUCLEARES

A forças iónicas elevadas, o octâmero de histonas do núcleo do nucleossoma pode existir como uma entidade independente e intacta, mesmo sem ADN ou agentes de reticulação; contudo, a forças iónicas fisiológicas, o núcleo octamérico de histonas dissocia-se no tetrâmero (H3-H4)2 e em dois dímeros (H2A-H2B). Esta descoberta tornou possível a cristalização do octâmero da histona. A estrutura elucidada do octâmero de histonas com uma resolução de 3,1 A, que constitui um marco no domínio da estrutura da cromatina, define as seguintes características das estruturas das histonas centrais e das proteínas relacionadas.

4.1 A dobra da histona e a estrutura terciária das histonas centrais

Todas as quatro histonas nucleares partilham um motivo estrutural comum, designado por dobra da histona. A dobra da histona é composta por uma longa hélice central, flanqueada em ambos os lados por um laço e uma hélice curta. Estima-se que a dobra tenha um eixo de simetria duplo, em que o eixo é normal ao plano e bissecta a hélice central. Estas observações sugerem que a própria dobra pode ter surgido a partir de um evento de duplicação de genes, no qual um módulo constituído por uma hélice-fita-hélice (HSH) é duplicado. Neste contexto, a longa hélice central da dobra da histona seria composta por uma combinação de duas hélices mais curtas, a hélice C-terminal do primeiro motivo HSH e a hélice N-terminal do segundo. As hélices centrais de H2A e H4 parecem estar moderadamente dobradas. Para além da região central da dobra da histona, as histonas H2A e H3 contêm hélices extra no terminal N, enquanto a histona H2B contém uma hélice extra no terminal C.

Para além das regiões estruturadas que incluem a dobra da histona, as histonas centrais também têm caudas N-terminais com uma região básica. Estas caudas são imperceptíveis na estrutura do octâmero, o que implica que estão desordenadas na ausência de ADN. No entanto, podem assumir uma conformação definida quando estão ligadas ao ADN.

4.2 O Dimer

Cada uma das histonas nucleares existe como parte de um dímero, de tal forma que os dois monómeros estão intimamente associados de uma forma cabeça-cauda para formar o motivo do aperto de mão. A porção da dobra de histona de cada monómero está ligada ao seu parceiro no dímero por um eixo de aproximadamente duas dobras. Os estudos termodinâmicos sobre H2A-H2B demonstraram que as histonas são entidades estruturadas estáveis apenas quando existem como parte de um dímero.

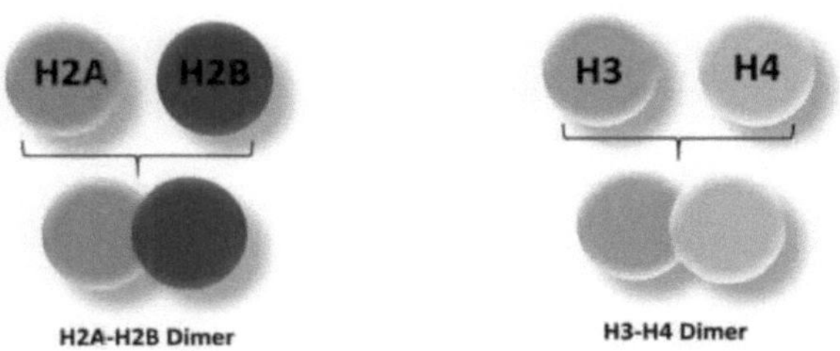

O dímero é estabilizado principalmente através de interacções hidrofóbicas que percorrem todo o comprimento das regiões de dobra da histona de cada monómero, com as longas hélices centrais mantidas de forma antiparalela. No caso das histonas centrais, a complementaridade da interface determina a formação de heterodímeros específicos. Também no dímero, os terminais N e C de cada histona estão próximos uns dos outros para formar uma folha β curta de duas cadeias ou ponte β. Uma folha semelhante é encontrada na posição simétrica na outra extremidade. As porções expostas ao solvente destas folhas contêm resíduos alcalinos conservados que são mais susceptíveis de estarem envolvidos na ligação ao ADN.

4.3 O Tetramer

O tetrâmero é formado pela associação do dímero (H3-H4), que é uma entidade estável à força iónica fisiológica. O tetrâmero é importante porque está envolvido no passo inicial da montagem do nucleossoma e determina o posicionamento do nucleossoma. As duas metades do tetrâmero, que consistem nos heterodímeros (H3-H4)2, estão relacionadas por um eixo cristalográfico duplo com interação entre o motivo HSH terminal C de H3. A tetramerização ocorre principalmente através de interacções hidrofóbicas.

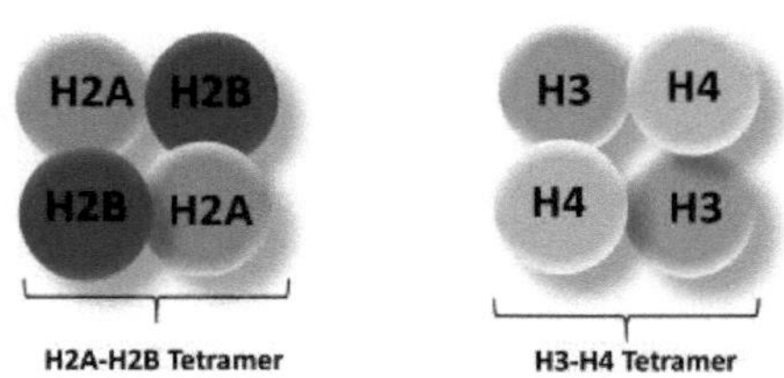

Ao contrário do que acontece com o heterodímero, o heterodímero (H2A-H2B) não apresenta uma tendência pronunciada para se associar num tetrâmero. Embora H2A e H2B partilhem alguns dos resíduos envolvidos na tetramerização, estes não são suficientes para formar um tetrâmero estável.

4.4 O Octâmero

Um dímero (H2A-H2B) une-se a cada lado do tetrâmero (H3-H4)2 para formar o octâmero de histonas, tanto in vivo como parte do nucleossoma como invitro a uma força iónica elevada. Esta associação ocorre principalmente através da interação entre as metades C-terminais de H2B e H4, que imita a interação entre duas moléculas de H3 no tetrâmero. Embora a associação das duas metades do tetrâmero seja mais forte do que a associação de (H2A-H2B) tanto para histonas livres como no nucleossoma, a interface entre cada tetrâmero (H3-H4)2 e o dímero H2A-H2B é maior do que a das duas metades do tetrâmero. Devido à sua natureza mais extensa, a interface entre os dímeros (H2A-H2B) e o tetrâmero é mais acessível ao solvente. Este facto está de acordo com os equilíbrios já conhecidos entre os dímeros e o tetrâmero.

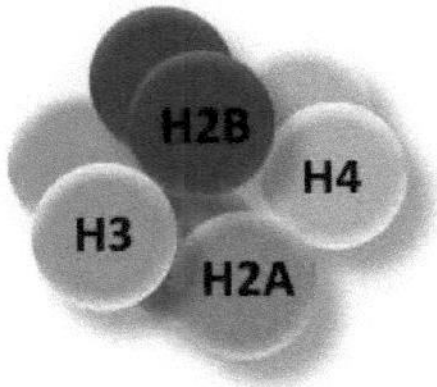

Histone Octamer

O octâmero apresenta uma estrutura tripartida formada pela ligação dos dímeros H2A-H2B a lados opostos do tetrâmero. Como se viu anteriormente em micrografias electrónicas, o octâmero assemelha-se a um disco ou pode ter a forma de uma cunha. A microscopia eletrónica também revelou que a superfície do octâmero apresenta uma rampa super-helicoidal esquerda, que se acredita ser o caminho de interação com o ADN. Este facto é confirmado pela estrutura de alta resolução do octâmero.

5. A PARTÍCULA CENTRAL DO NUCLEOSSOMA

Os nucleossomas, tal como propostos por Kornberg e Thomas, são descritos como partículas que são tetrâmeros heterotípicos (H3-H4)2 com dois dímeros associados (H2A-H2B) na forma ([H2A-H2B][{H3-H4}2] [H2A-H2B]). Associado a este octâmero está cerca de 147 pb de ADN enrolado em 1,7 voltas super-helicoidais. Os nucleossomas estão ligados por um ligante de ADN de comprimento variável que forma uma matriz de 10 nm de pérolas numa corda. A resolução de 7 A da estrutura cristalina da partícula central, sendo a estrutura de mais alta resolução desta molécula até à data, revela o seguinte sobre a estrutura do nucleossoma:

• Com esta resolução, são detectáveis as ranhuras maiores e menores do ADN

• São visíveis regiões de alta densidade semelhantes a bastonetes que correspondem às a-hélices das histonas

• O enrolamento do ADN em torno do octâmero não é uniforme, mas varia em curvatura, particularmente nas posições ±1 e ±4 voltas de ADN a partir da díade

• A largura das ranhuras menores e maiores também varia consideravelmente ao longo do núcleo do nucleossoma.

• Existe também uma variação na periodicidade helicoidal do ADN no nucleossoma, sendo a periodicidade da díade diferente da do resto do nucleossoma.

• As pontes-P formadas como resultado de vários dímeros de histonas aparecem repetidamente na superfície do octâmero.

• As extremidades amino-terminais da região da dobra da histona de cada parceiro dímero apontam para a superfície e possuem um número de cargas positivas conservadas que são importantes para a interação com o ADN.

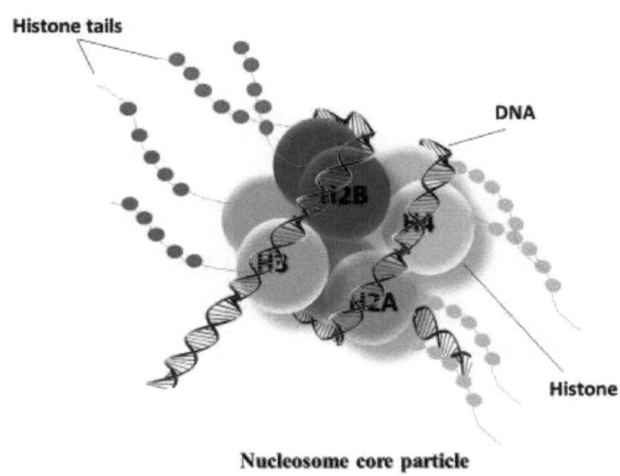

Nucleosome core particle

No modelo de ligação do ADN a elementos repetitivos, as histonas existem ao longo da trajetória super-helicoidal pela seguinte ordem particular, partindo do ponto mais exterior em direção ao eixo duplo na díade: H2A1, H32, H2A1, H2B1, H2A1, H2B1. H41, H31, H41, sendo que H31-H32 se sobrepõem na díade. Esta ordem está de acordo com a organização primária das histonas ao longo do ADN da partícula central.

As caudas das histonas centrais desempenham um papel vital na estabilidade dos nucleossomas e podem contribuir para definir o estado condensado da fibra de cromatina e estruturas de ordem superior, promovendo a montagem ou desmontagem dos nucleossomas.

Além disso, as caudas N-terminais da histona H4 apresentam interacções internucleossómicas com a histona H2A (α-hélice 2) que podem estabilizar estruturas de ordem superior. A relevância biológica destas interacções foi confirmada por Dorigo e colaboradores, que demonstraram que as matrizes de nucleossomas podem ser estabilizadas por ligações cruzadas de dissulfureto que ocorrem entre a cauda N-terminal da histona H4 e a α-hélice 2 da histona H2A.

6. H1 HISTÓRICO

A histona H1, a histona mais variável em termos de sequência, actua como uma histona de ligação e é importante para a manutenção da estrutura da cromatina de ordem superior. Ao contrário de outras histonas, a H1 não participa na formação do "cordão" do nucleossoma, mas liga-se à partícula central do nucleossoma para formar o cromatossoma. Esta ligação facilita a estabilização do nucleossoma. Precisamente, a histona H1 liga-se à díade nucleossómica e ao ADN de ligação (região de 20-80 nucleótidos entre nucleossomas) que entra e sai da partícula central, estabilizando a fibra de cromatina de 30 nm em ziguezague. Isto também protege os 20 pares de bases adicionais de ADN da digestão pela nuclease micrococica (10 pares de bases do ADN ligante que entra e que sai).

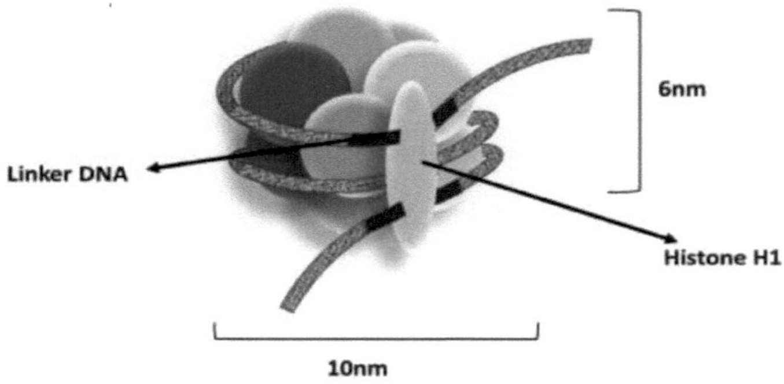

Binding of H1 to Nucleosome and Linker DNA

CAPÍTULO 2. MODIFICAÇÃO PÓS-TRADUÇÃO DAS HISTONAS

1. MODIFICAÇÕES PÓS-TRADUÇÃO DAS HISTONAS

As histonas são sujeitas a uma variedade de modificações pós-tradução, conhecidas como marcas, que modificam a estrutura da cromatina através de alterações induzidas pela carga na partícula central do nucleossoma. As alterações de carga podem induzir efeitos estruturais cumulativos (na interface proteína-DNA ou proteína-proteína), dependendo do número total de modificações pós-tradução num determinado local da cromatina. Por outro lado, as modificações pós-tradução em resíduos-chave, como os envolvidos nas interacções inter-nucleossómicas, podem provocar alterações mais específicas da cromatina. As modificações pós-tradução das histonas têm um efeito profundo na expressão genética, organizando o genoma em regiões activas de eucromatina, onde o ADN está totalmente acessível à transcrição, ou em regiões inactivas de heterocromatina, onde o ADN é altamente compacto e menos acessível à transcrição. As modificações pós-tradução podem também facilitar a desmontagem ou montagem dos nucleossomas e podem incluir interacções com complexos de remodelação da cromatina e chaperonas de histonas.

As modificações mais comuns das histonas são:

1.1 Metilação/desmetilação de histonas

A metilação das histonas é definida como a transferência de um, dois ou três grupos metilo da S-adenosil-L-metionina para as proteínas histónicas em resíduos de lisina ou arginina pelas histonas metiltransferases (HMT). A metilação da lisina de H3 e H4 está envolvida tanto na ativação como na repressão da transcrição, dependendo do local de metilação, enquanto a metilação da arginina facilita a ativação da transcrição.

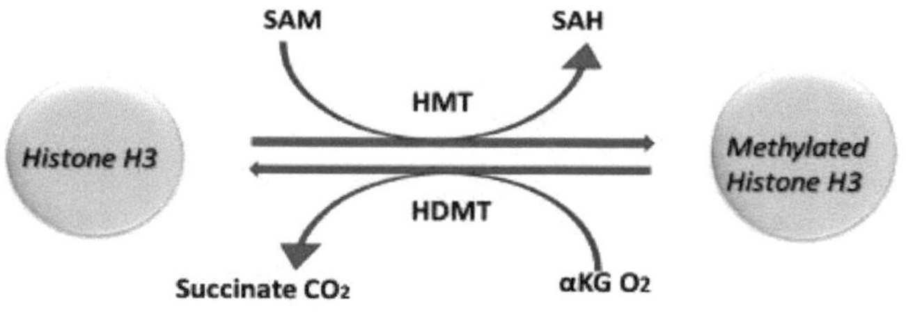

Enzyme-mediated histone methylation and demethylation reactions.

Existem várias histonas metiltransferases que são altamente específicas para o resíduo de lisina ou arginina que modificam. Na histona H3, por exemplo, MLL, ALR , SET1, SET7/9, Ash1, Trx, ALL-1 e SMYD3 são histona metiltransferases que promovem a metilação da histona H3 na lisina 4 (H3-K4) em células de mamíferos. As outras metiltransferases, como a SUV39-h2, SETDB1, ESET, SUV39-h1, G9a, Dim-5 e Eu-HMTase, são responsáveis pela metilação da histona H3 na lisina 9 (H3-K9) em células de mamíferos. As enzimas do grupo Polycomb, como a EZH2 e a G9a, são histona metiltransferases que metilam a histona H3 na lisina 27 (H3-K27) em células de mamíferos. Tanto a metilação da H3-K27 como a da H3-K9 conduzem à formação de heterocromatina e também causam o silenciamento da expressão genética em locais eucromáticos. O aumento da metilação global da H3-K27 está também implicado na progressão do cancro.

As lisinas podem ser mono, di ou tri-metiladas, conferindo diversidade funcional a cada local de metilação. Por exemplo, tanto a mono como a tri-metilação de K4 (H3K4me1 ou H3K4me3) são marcas activas, sendo a H3K4me1 observada em potenciadores de transcrição, enquanto a H3K4me3 está presente em promotores de genes. A trimetilação de K36 (H3K36me3) está relacionada com regiões transcritas em corpos de genes. A H3K27me3 encontra-se principalmente nos promotores de trechos ricos em genes e está associada a reguladores do desenvolvimento em células estaminais embrionárias, incluindo os genes Sox e Hox. A H3K9me3 encontra-se principalmente em regiões pobres em genes, como os telómeros, as repetições satélite e os pericentrómeros. Também marca famílias específicas de genes de dedos de zinco (KRAB-ZFPs) e retrotransposões.

A trimetilação de K9 e K27 na histona H3 (H3K27me3 e H3K9me3) são ambos sinais repressivos, enquanto que a H3K27me3 é um sinal temporário que controla os reguladores do desenvolvimento. Por outro lado, a H3K9me3 é um sinal permanente para a formação de heterocromatina em regiões cromossómicas com estruturas de repetição em tandem.

A metilação da arginina das histonas H3 e H4 mediada por proteínas arginina metiltransferases (PRMT) promove a ativação da transcrição. Até à data, foram encontrados 9 tipos de PRMTs em seres humanos, mas apenas 7 membros são conhecidos por metilar histonas que podem catalisar a mono ou dimetilação de resíduos de arginina. Com base na posição da adição do grupo metil, as PRMTs são ainda classificadas em tipo I (CARM1, PRMT1, PRMT2, PRMT3, PRMT6 e PRMT8) e tipo II (PRMT5 e PRMT7). As PRMT de tipo II estão fortemente envolvidas em doenças como o cancro. Por exemplo, a PRMT5 é responsável pela repressão de determinados genes supressores de tumores, como o Retinoblastoma (Rb), enquanto a sobreexpressão da PRMT7 é observada no cancro da mama.

A desmetilação de histonas é definida como a remoção de grupos metilo de proteínas histónicas modificadas através de histonas desmetilases. Estas desmetilases têm sido associadas a potenciais funções oncogénicas e ao envolvimento noutros processos patológicos. A descoberta das histonas desmetilases sugere que a metilação das histonas é um processo dinâmico e não uma modificação permanente. As duas principais famílias de desmetilases são: A desmetilase específica da lisina 1 (LSD1) e as histonas desmetilases que contêm o domínio Jumonji (domínio JmjC) (JMJD2, JMJD3/UTX e JARIDs). O grau de metilação e o resíduo de aminoácido específico determinam a enzima de desmetilação. Por exemplo, a LSD1 (BHC110, KDM1) desmetiliza a histona H3, a lisina 4 mono e di-metilada, e a JARID (1A-1D) desmetiliza a lisina 4 tri-metilada, a lisina 27 di- e tri-metilada é desmetilada pela JMJD3 e pela UTX (KDM6A), enquanto a lisina 9 mono e di-metilada é desmetilada pela JMJD1 e pela JMJD2.2 desmetilam a lisina 9 tri-metilada. A inibição das histonas desmetilases pode causar a remetilação das histonas em resíduos específicos, o que é importante para a dinâmica da cromatina e a expressão genética. Além disso, a deteção da inibição e da atividade destas enzimas seria importante para desvendar os mecanismos de regulação epigenética da expressão genética e poderia beneficiar o diagnóstico e a terapêutica do cancro.

1.2 Acetilação/Desacetilação de histonas

A acetilação das histonas, referida pela primeira vez por Allfrey et al. em 1964, ocorre pela adição enzimática de um grupo acetilo (COCH3) da acetil coenzima A ao grupo e-amino das cadeias laterais da lisina pelas histonas acetiltransferases (HAT), neutralizando assim a carga positiva da lisina e enfraquecendo as interacções entre as histonas e o ADN. Os resíduos de lisina nas histonas H3 e H4 são alvos potenciais dos complexos HAT.

O processo de acetilação das histonas está envolvido na regulação de uma infinidade de processos celulares, incluindo a dinâmica e a transcrição da cromatina, a progressão do ciclo celular, o silenciamento dos genes, a apoptose, a diferenciação, a replicação do ADN, a reparação do ADN, a importação nuclear e a repressão neuronal. Foram identificadas mais de 20 HATs, que podem ser classificadas em duas famílias: tipo A e tipo B.

As HAT do tipo A são uma família mais diversificada do que as do tipo B e podem ser classificadas em pelo menos três grupos distintos com base na estrutura conformacional e na homologia da sequência de aminoácidos: as famílias GNAT, MYST e CBP/p300. Cada uma destas enzimas modifica múltiplos sítios nas caudas N-terminais das histonas. Tal como acontece com muitas enzimas modificadoras de histonas, as HAT do tipo A estão frequentemente associadas a grandes complexos multiproteicos. Os componentes proteicos destes complexos ajudam a controlar o recrutamento, a atividade e a especificidade do substrato da enzima. Por exemplo, a scGCN5 purificada acetila histonas livres em vez das presentes num nucleossoma, enquanto a scGCN5, se presente no chamado complexo SAGA, acetila eficazmente histonas nucleossómicas.

As HATs do tipo B estão predominantemente presentes no citoplasma, acetilando histonas livres em vez de histonas já depositadas na cromatina. Esta classe de HATs é mais conservada e todas as HATs do tipo B partilham homologia de sequência com scHatl, o membro fundador deste tipo de HAT. As HATs do tipo B catalisam a acetilação da histona H4 recém-sintetizada em K5 e K12 (bem como em certos locais da H3), e este padrão de acetilação é indispensável para a deposição das histonas, após o que as marcas são removidas. A acetilação das histonas corresponde a uma estrutura de cromatina aberta, tornando-a acessível aos factores de transcrição e aumentando significativamente a expressão genética. A acetilação das histonas tem como alvo principal as regiões promotoras. Por exemplo, a acetilação da histona H3 em K9 e K27 (H3K9ac e H3K27ac) está normalmente associada a potenciadores e promotores de genes activos.

As desacetilases de histonas (HDACs) opõem-se aos efeitos das HATs e invertem a acetilação da lisina catalisando a remoção hidrolítica dos grupos acetilo dos resíduos de lisina das histonas, o que restaura a sua carga positiva. Isto estabiliza significativamente a arquitetura da cromatina e é consistente com o facto de os HDAC serem sobretudo repressores da transcrição. Um desequilíbrio da acetilação das histonas tem sido associado à progressão do cancro e à tumorigénese. Detetar se a histona H3 está acetilada nos seus resíduos de lisina forneceria informações úteis para uma maior caraterização dos padrões ou locais de acetilação, conduzindo assim a uma melhor compreensão da regulação epigenética da ativação dos genes, bem como ao desenvolvimento de fármacos dirigidos às HAT. Tal como as HAT, as HDAC desempenham um papel vital em vários processos celulares que envolvem as histonas H3 e H4. Foram identificadas quatro classes de HDACs. As HDAC de classe I e II incluem enzimas que estão mais estreitamente relacionadas com as leveduras scRpd3 e scHdal, respetivamente. As enzimas da classe III, conhecidas como sirtuínas, são homólogas às scSir2 da levedura e requerem cofactores NAD+, por exemplo, SIRTs 1-7. A enzima da classe IV, que contém apenas um único membro, a HDAC11, tem características das classes I e II. A inibição da HDAC desempenha um papel importante na apoptose, na paragem do ciclo celular e na diferenciação das células cancerosas.

1.3 Fosforilação de histonas

A fosforilação das histonas centrais catalisada por cinases e fosfatases é um processo altamente dinâmico que ocorre predominantemente em serinas, treoninas e tirosinas, nas caudas N-terminais das histonas, adicionando-lhes carga negativa, e é um passo intermédio crucial na condensação dos cromossomas durante a divisão celular, na regulação da transcrição e na reparação de danos no ADN. Ao contrário da acetilação e da metilação, a fosforilação das histonas funciona estabelecendo interacções entre outras modificações das histonas e fornecendo uma plataforma para as proteínas efectoras. Isto resulta numa cascata de eventos a jusante.

A fosforilação da histona H2A em T120 e da histona H3 em S10 (H3phosphoS10) são marcadores mitóticos: estas modificações estão implicadas na compactação da cromatina e na regulação da estrutura e função da cromatina durante a mitose. A fosforilação de H2AX em S139 (resultando em γH2AX) foi relatada como um dos primeiros eventos que ocorrem após quebras de fita dupla de DNA e serve como um ponto de recrutamento para proteínas de reparação de danos no DNA. Além disso, a fosforilação de H2B, por exemplo, promove a condensação da cromatina relacionada com a apoptose, a fragmentação do ADN e a morte celular.

Pouco se sabe sobre o papel das histonas fosfatases. É certo que, dada a rotação extremamente rápida de fosforilações específicas das histonas, deve existir uma elevada atividade de fosfatase no núcleo. Sabe-se que a fosfatase PP1 actua em oposição à Aurora B, a quinase que estabelece a H3S10ph e a H3S28ph em todo o genoma na mitose.

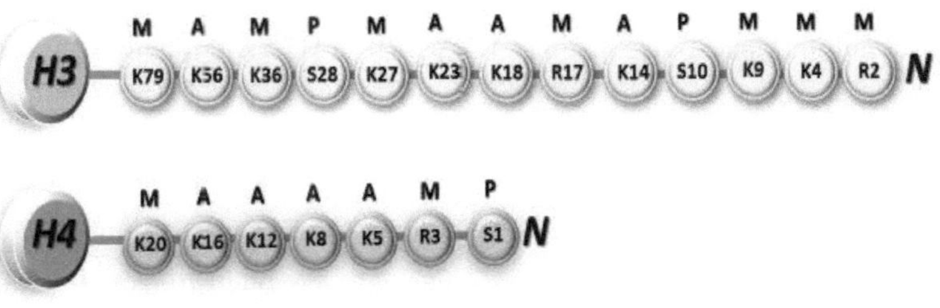

Post translational modification of N-terminal tails of H3 and H4. M=methylated, A=acetylated, P=phosphorylated.

1.4 Ubiquitinação e Sumoilação de Histonas

A ubiquitinação de histonas é uma modificação covalente muito maior do que outras modificações. Duas das proteínas mais altamente ubiquitiladas encontradas no núcleo são H2A e H2B. A ubiquitina, um polipéptido de 76 aminoácidos, é ligada às lisinas das histonas através da ação sequencial de três enzimas, as enzimas activadoras El, conjugadoras E2 e ligadoras E3. As formas mais abundantes são H2A monoubiquitylated em K119 e H2B monoubiquitylated em K123 (levedura)/K120 (vertebrados). No entanto, também foram descritas histonas poliubiquitiladas, como a poliubiquitinação ligada a K63 de H2A e H2AX.

A monoubiquitilação de H2A é efectuada por proteínas do grupo polycomb e está amplamente associada ao silenciamento de genes. A principal enzima responsável pela monoubiquitilação de H2B é Bre1 em leveduras e seus homólogos RNF20/RNF40 em mamíferos. Ao contrário da H2A, a H2B monoubiquitylated está associada à ativação da transcrição. Tal como outras modificações das histonas, a monoubiquitinação de H2A e H2B é reversível e é fortemente regulada por histona ubiquitina ligases e enzimas desubiquitiladoras. A modificação é removida através da ação de isopeptidases chamadas enzimas deubiquitina e esta atividade é crucial tanto para a atividade como para o silenciamento dos genes

A ubiquitinação de histonas desempenha um papel vital na resposta a danos no ADN: O RNF8/RNF168 catalisa a poliubiquitilação ligada a K63 da histona H2A/H2AX e cria um local de reconhecimento para o RAP80 e outras proteínas de reparação do ADN. A monubiquitinação das histonas H2A, H2B e H2AX também é observada nos locais de quebras de fita dupla do ADN.

A sumoylação, tal como a ubiquitinação, envolve a ligação covalente de pequenas moléculas modificadoras semelhantes à ubiquitina às lisinas das histonas por ação das enzimas E1, E2 e E3. A sumoylation foi registada nas quatro histonas principais e parece funcionar antagonizando a acetilação e a ubiquitinação que, de outro modo, poderiam ocorrer na mesma cadeia lateral de lisina. Consequentemente, tem sido principalmente associada a funções repressivas, mas é necessário mais trabalho para desvendar o(s) mecanismo(s) molecular(ais) através do(s) qual(ais) a sumoilação exerce o seu efeito na cromatina.

2. INTERACÇÃO ENTRE AS MODIFICAÇÕES DAS HISTONAS

O controlo rigoroso e altamente regulado da estrutura da cromatina só é possível devido ao grande número de modificações das histonas. No entanto, um nível suplementar de complexidade permite o ajuste fino do controlo global que existe devido ao diálogo cruzado entre diferentes modificações. As modificações das histonas podem influenciar positiva ou negativamente outras modificações. Este "cross-talk" pode ocorrer através de múltiplos mecanismos, a seguir enumerados:

- As modificações podem apresentar antagonismo competitivo se o(s) mesmo(s) sítio(s) for(em) visado(s) por mais do que uma via de modificação. Um bom exemplo disto são as lisinas que podem ser acetiladas, metiladas ou ubiquitiladas.

• Uma modificação pode estar dependente de outra. Por exemplo, a metilação de H3K79 por scDotl e de H3K4 por scCOMPASS depende inteiramente da ubiquitinação de H2BK123 por scRad6/Bre1

• A modificação adjacente pode perturbar a ligação de uma proteína a uma modificação específica. Isto é particularmente verdadeiro para HP1 que se liga a H3K9me2/3, mas a ligação é interrompida durante a meiose, devido à fosforilação de H3S10 59. Esta ação foi descrita como um "phospho switch". Para modular a ligação desta forma, os aminoácidos modificados não precisam de estar diretamente adjacentes uns aos outros. Por exemplo, em S. pombe, a ligação de spChp1 a H3K9me2/3 é inibida pela acetilação de H3K4.

- A modificação do substrato pode afetar a atividade da enzima. Na levedura, a interconversão da ligação peptídica H3P38 é catalisada pela isomerase de prolina scFpr4 e esta atividade afecta o potencial da enzima scSet2 para metilar a H3K36, o que, por sua vez, está relacionado com os efeitos na transcrição genética.

- As modificações podem funcionar de forma sinérgica, a fim de recrutar eficazmente factores específicos. Por exemplo, o PHF8 liga-se ao H3K4me3 através do seu dedo PHD, e esta interação é plausível quando o H3K9 e o H3K14 também estão acetilados na mesma cauda do H3.

Também pode haver cooperação entre as modificações das histonas e a metilação do ADN. Por exemplo, a ligação da proteína UHRF1 aos nucleossomas que contêm H3K9me3 é significativamente reforçada quando o ADN nucleossómico está metilado com CpG. Em contrapartida, a metilação do ADN pode inibir a ligação da proteína a modificações específicas das histonas. Um exemplo adequado é o KDM2A, que pode ligar-se

3. LOCALIZAÇÃO GENÓMICA DAS MODIFICAÇÕES DAS HISTONAS

Os genomas eucarióticos estão geralmente divididos em dois ambientes geograficamente distintos. O primeiro são as regiões abertas e geneticamente activas, designadas por "eucromatina", que apresentam um ambiente relativamente descontraído, contendo genes activos enrolados de forma frouxa e que sofrem alterações cíclicas durante o ciclo celular. Em contrapartida, outras regiões genómicas designadas "Heterocromatina" contêm estruturas relativamente compactas que são geneticamente inactivas e refractárias às alterações cíclicas do ciclo celular, como os centrómeros e os telómeros.

A heterocromatina e a eucromatina têm regiões de demarcação entre elas, conhecidas como "elementos de fronteira", que estão ligadas por factores específicos, como o CTCF, que desempenham um papel na manutenção da fronteira. Na ausência de tais factores, a heterocromatina pode invadir e silenciar a eucromatina. Os elementos de fronteira têm certas modificações em comum, como a H3K9me1, mas são desprovidos de outras, como a acetilação de histonas. Além disso, uma variante específica de histona, a H2A.Z, está altamente presente nesses locais.

3.1 Heterocromatina

O trabalho realizado ao longo da década mostrou que a heterocromatina não é a mesma coisa, mas um continuum entre dois extremos de heterocromatina facultativa e constitutiva.

3.1 (a) *A heterocromatina facultativa* é o resultado de regiões genómicas que são diferencialmente expressas durante o desenvolvimento e/ou a diferenciação. Estas regiões são silenciadas, mas podem perder a sua estrutura condensada e tornar-se activas do ponto de vista transcricional, em função de sinais de desenvolvimento ou ambientais. Um exemplo clássico deste tipo de heterocromatina é a inativação do cromossoma X presente nas células femininas dos mamíferos, que é fortemente marcada pela H3K27me3 e pelos complexos repressores Polycomb (PRCs). O H3K27me3 recruta o PRC2 para os locais de replicação do ADN, promovendo a manutenção do H3K27me3 através da ação do EZH2. Deste modo, a marca de histona é "replicada" nas histonas recém-depositadas, o que leva à conservação da heterocromatina facultativa.

3.1 (b) *A heterocromatina constitutiva* é caracterizada pela presença de genes permanentemente silenciados em regiões genómicas como os centrómeros e os telómeros. Ela contém níveis relativamente altos de H3K9me3 e HP1α/β. Durante a replicação do ADN, HP1 liga-se a nucleossomas que contêm H3K9me2/3 e recruta a metiltransferase SUV39, que por sua vez metiliza H3K9 em nucleossomas adjacentes com H3 não modificado. Este mecanismo de feedback positivo ajuda a explicar a incapacidade da heterocromatina para invadir regiões eucromáticas, a menos que seja altamente controlada para o fazer.

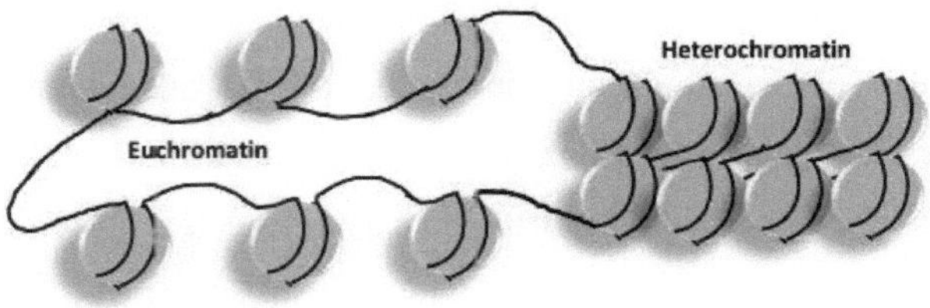

3.2 Eucromatina

Em contraste com a heterocromatina, a eucromatina é um ambiente descontraído que contém genes activos. No entanto, tal como a heterocromatina, a eucromatina não é igual. Certas regiões apresentam uma abundância de modificações específicas das histonas, enquanto outras regiões parecem relativamente desprovidas de modificações. Em geral, existem "ilhas" ricas em modificações, que ou são os locais de transcrição ou tendem a ser as regiões que regulam a transcrição. Por exemplo, uma caraterística preditiva fiável dos potenciadores de transcrição activos é o facto de estarem enriquecidos com H3K4me1. No entanto, os próprios genes activos possuem um nível relativamente elevado de H3K4me3, que marca o local de início da transcrição (TSS).

4. MODIFICAÇÕES DAS HISTONAS E CANCRO

É amplamente reconhecido que os eventos epigenéticos, ou seja, as alterações nas modificações das histonas, são mecanismos importantes subjacentes ao desenvolvimento e à progressão do cancro. Podem existir dois mecanismos importantes pelos quais os perfis de modificação das histonas desviantes, ou a atividade desregulada das enzimas associadas, podem eventualmente dar origem ao cancro

- A primeira é através da modificação dos programas de expressão genética, incluindo a regulação anómala de oncogenes e/ou supressores de tumores, e

- A segunda é através da alteração da integridade do genoma e/ou da segregação dos cromossomas.

Os modelos de ratinho são ferramentas extremamente úteis para determinar a capacidade de um determinado fator para induzir ou iniciar a tumorigénese. Um exemplo clássico é a análise da fusão MOZ-TIF2 que está associada à leucemia mieloide aguda (LMA). A proteína MOZ é uma histona acetil transferase e a TIF2 é um coactivador de receptores nucleares que se liga à CBP, que é também uma HAT. Foi referido que quando a fusão MOZ-TIF2 é transduzida em células progenitoras hematopoiéticas murinas normais, que não têm capacidade de auto-renovação, a fusão confere às células a capacidade de auto-renovação in vitro e resulta em leucemia mieloide aguda in vivo.

Assim, a proteína de fusão é capaz de induzir propriedades típicas das células estaminais leucémicas. É interessante notar que a atividade HAT intrínseca da MOZ não é necessária nem para a transformação leucémica nem para a auto-renovação, mas o seu motivo de ligação aos nucleossomas é importante para ambos. Além disso, o domínio de interação CBP no TIF2 é essencial para ambos os processos. Assim, é evidente que tanto a transformação leucémica como a auto-renovação envolvem o recrutamento abeyant de CBP para sítios de ligação a nucleossomas MOZ. Assim, pode concluir-se que a capacidade transformadora de MOZ-TIF2 está muito provavelmente envolvida num perfil errado de acetilação de histonas nos locais de ligação de MOZ. Estes resultados fornecem uma prova clara de que a função deficiente das enzimas modificadoras de histonas pode estar associada à fase inicial do desenvolvimento do cancro.

A JAK2, uma tirosina quinase não recetora, sofre uma mutação de ativação que se pensa ser um evento indutor de cancro que leva à formação de várias doenças malignas hematológicas diferentes. No entanto, recentemente, a JAK2 foi identificada como uma H3 quinase, que fosforila a H3Y41 nas células hematopoiéticas, o que impede a ligação da HP 1 a à H3. Foi demonstrado que este mecanismo antagónico funciona no gene lmo2, que é um oncogene hematopoiético fundamental.

Nos seres humanos, o silenciamento genético extensivo causado pela sobreexpressão da EZH2 tem sido associado à progressão de múltiplos tumores malignos sólidos, incluindo os da mama, da bexiga e da próstata. No entanto, também foi recentemente referido que, numa série de doenças malignas mielóides, a EZH2 está inactivada, o que sugere o seu papel como proteína supressora de tumores.

Por último, as alterações nas modificações das histonas têm sido associadas à instabilidade do genoma, a defeitos na segregação dos cromossomas e ao cancro. Por exemplo, os embriões mutantes homozigóticos nulos do gene PR-Set7 (uma H4K20me1 HMT) apresentam letalidade precoce devido a danos maciços no ADN, defeitos no ciclo celular e condensação inadequada dos cromossomas mitóticos. Além disso, os ratinhos mutantes deficientes para a metiltransferase SUV39 H3K9 apresentam níveis reduzidos de H3K9me2/3 heterocromático e têm uma estabilidade genómica aberrante com risco acrescido de desenvolver cancro.

Parece agora claro que a alteração dos perfis de modificação das histonas está amplamente associada ao cancro. No entanto, ao contrário das mutações do ADN, as alterações do epigenoma associadas ao cancro são potencialmente reversíveis, o que levanta a possibilidade de os "fármacos epigenéticos" poderem ter um impacto significativo nas estratégias de tratamento de vários cancros. De facto, os inibidores da HDAC têm sido considerados excecionalmente eficazes na inibição do crescimento tumoral, induzindo a apoptose e promovendo a diferenciação através da reativação de determinados genes supressores de tumores.

Nomeadamente, a Food and Drug Administration aprovou recentemente os inibidores da HDAC para utilização terapêutica contra tipos específicos de cancro, como o linfoma cutâneo de células T, e outros compostos que estão atualmente em ensaios clínicos de fase II e III. Outros inibidores de enzimas modificadoras da histona, como os inibidores da histona metil transferase, estão atualmente em fase de desenvolvimento. De acordo com estas noções, os avanços no domínio dos estudos sobre a modificação das histonas podem facilitar o desenvolvimento de novas estratégias de prevenção, diagnóstico e tratamento de doenças malignas humanas.

CAPÍTULO 3. REMODELAÇÃO DA CROMATINA

1. Remodelação da cromatina

2. Remodeladores de cromatina

10. família SWI/SNF

11. família ISWI

12. família CHD

13.INO80 Família

14. Mecanismo de translocação de remodeladores de cromatina

1. REMODELAÇÃO DA CROMATINA

A cromatina, o complexo de ADN e proteínas, está firmemente compactada no interior do núcleo das células dos mamíferos. Em particular, os genes específicos dos eucariotas só são expressos quando estão acessíveis a factores de ligação ao ADN, como a RNA polimerase e os factores de transcrição. No estado padrão, o enrolamento apertado que caracteriza a estrutura da cromatina apresenta uma forte barreira ao reconhecimento específico da sequência do ADN eucariótico por estes factores. Esta é a razão pela qual o empacotamento do ADN em estruturas de ordem superior é sobretudo inibidor de todos os tipos de processos dependentes do ADN. Para ultrapassar as restrições de acessibilidade, as células desenvolveram mecanismos bem definidos para abrir estruturas de cromatina de ordem superior e permitir que reguladores específicos da sequência se liguem ao ADN nucleossómico.

Em geral, a acessibilidade da cromatina é regida por dois mecanismos principais:

1. Modificação pós-traducional das histonas e recrutamento de proteínas efectoras específicas para a cromatina.

2. Abrir a cromatina e permitir que os sinais de transcrição cheguem aos seus destinos na cadeia de ADN com a ajuda de enzimas específicas de remodelação da cromatina.

Este processo de "abertura" é designado por remodelação da cromatina e tem uma importância vital no funcionamento correto de todas as células eucarióticas. Assim, a remodelação da cromatina é o reposicionamento da cromatina de um estado condensado transcritivamente inacessível para um estado relaxado transcritivamente acessível, permitindo que as proteínas de ligação ao ADN, como os factores transcricionais, acedam ao ADN e controlem a transcrição, a reparação do ADN, a montagem da cromatina e outros processos.

A presença de nada menos do que 53 enzimas diferentes de remodelação da cromatina na célula humana evidencia as funções especializadas destas enzimas e as funções associadas

complexos. Os remodeladores da cromatina são, na realidade, translocases do ADN que exercem uma tensão de torção dependente de ATP sobre o ADN nucleossómico, fornecendo assim a força necessária para reposicionar e mobilizar os nucleossomas, ou seja, deslocar o octâmero de histonas para um local diferente no ADN.

As diferentes enzimas e complexos de remodelação apresentam diferentes actividades de posicionamento dos nucleossomas, dependendo do tipo de proteína ATPase motora e da composição do complexo multiproteico em que está integrada. A maioria dos remodeladores da cromatina liga-se ao ADN de uma forma independente da sequência, enquanto alguns se ligam na presença de sinais específicos da cromatina, por exemplo, variantes de histonas, caudas de histonas modificadas, regiões de ADN sem nucleossomas, estruturas e sequências específicas de ADN e ARN, proteínas que interagem e/ou domínios acessórios dos complexos de remodelação, etc.

2. REMODELADORES DA CROMATINA

Com base na subunidade catalítica das enzimas de remodelação, estas são divididas em quatro famílias distintas, cada uma com funções biológicas especializadas. No entanto, todos os remodeladores são constituídos por um domínio ATPase conservado que se divide em dois domínios (DExx e HELICc). Cada subfamília de complexos possui domínios variáveis a flanquear a região ATPase que a especializam para o seu papel único.

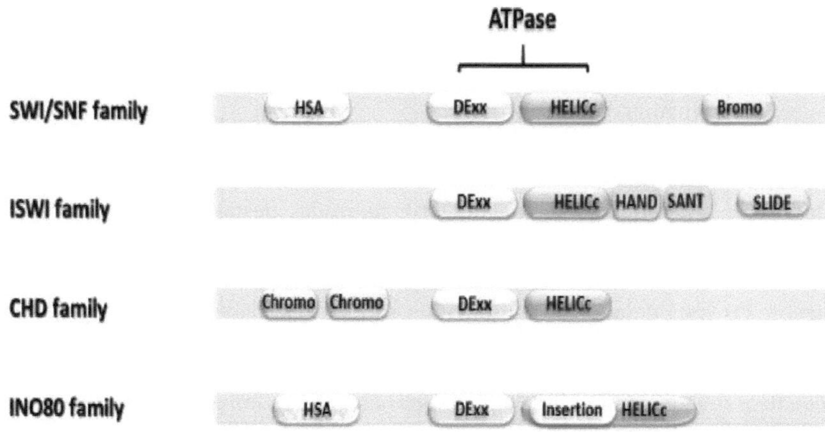

Organization of chromatin remodeler families.

3. FAMÍLIA SWI/SNF

O complexo SWI/SNF, um complexo de modelação da cromatina multi-subunidades evolutivamente conservado, foi inicialmente descoberto na levedura através de duas experiências separadas que foram realizadas para identificar mutações em genes que afectam as vias de mudança de tipo de acasalamento (SWI) e de fermentação da sacarose (Sucrose Non-Fermenting - SNF). As mutações em ambos os genes causam fenótipos pleiotrópicos, implicando o papel da SWI/SNF na expressão dos genes. Este complexo utiliza a energia da hidrólise do ATP para mobilizar nucleossomas e remodelar a cromatina. Os membros da família SWI/SNF caracterizam-se pela presença da ATPase Swi2/Snf2p , do domínio HSA (helicase-SANT) no terminal N e do domínio bromo no terminal C. Sabe-se que o domínio HSA recruta actina e proteínas relacionadas com a actina e que o domínio bromo se liga às lisinas acetiladas das histonas. Um complexo estreitamente relacionado, conhecido como RSC (Remodeling the Structure of Chromatin) foi também inicialmente identificado na levedura. Este complexo apresenta semelhanças com o complexo SWI/SNF e é composto por 17 subunidades, embora tanto o RSC como o SWI/SNF regulem diferentes regiões da cromatina, sendo o RSC mais abundante do que o SWI/SNF e estando envolvido numa vasta gama de genes. Os seres humanos e a drosófila também contêm dois complexos de remodelação distintos, homólogos aos SWI/SNF e RSC da levedura, respetivamente. Em drosófila, os dois complexos são conhecidos como complexos BAP (Brahma Associated Protein) e PBAP (Polybromo-associated BAP), enquanto que em humanos estes dois complexos são denominados BAF (Brg1 Associated Factors) e PBAF (Polybromoassociated BAF).

Em Drosophila, os complexos BAP e PBAP contêm a mesma subunidade ATPase, denominada Brahma, que é homóloga a Swi2/Snf2p e Sthlp. Também partilham os seguintes componentes principais: Moira, BAP60, Snrl, Actina e a proteína relacionada com a actina BAP55, BAP111. Além disso, nos seres humanos, o complexo BAF pode ter uma das duas subunidades ATPase distintas hBRM (Brahma humana) ou BRG1 (Brahma-related Gene 1). No entanto, PBAF contém apenas a ATPase BRG1. Tal como na drosófila, BAF e PBAF partilham os diferentes componentes principais BAF47, BAF57, BAF60, BAF155, BAF170, BAF45 e as duas actinas b-Actina e BAF53. Pensa-se que as subunidades variantes contribuem para a orientação, regulação e montagem das funções específicas de cada linhagem destes complexos. Por exemplo, PBAF, mas não BAF, é capaz de facilitar a ativação transcricional dependente de ligandos por receptores nucleares in vitro e de mediar a expressão de genes responsivos a interferões.

Complex	Organism	Catalytic subunit	Auxillary subunits
SWI/SNF	Yeast	Swi2/Snf2	Swi1/Adr6,Swi3,Swp73,Snf5,Arp7, Arp9,Swp82,Snf11,Taf14,Snf6,Rtt10 2
RSC	Yeast	Sth1	Sth1, Rsc8/Swh3, Rsc6, Sfhl, Arp7, Arp9, Rsc1,2 or 4, Rsc7, Rsc30, Rsc3, Rsc5, Rtt102, Rsc14/Ldb7, Rsc10, Rsc9
BAF	Human	BRM/BRG1	BAF250, BAF155, BAF170,BAF60, SNF5, BAF57, BAF53, β-actin, BAF45
PBAF	Human	BRG1	BAF180, BAF200, BRD7, BAF155, BAF45, BAF170,BAF60, SNF5, BAF57, BAF53, β-actin

SWI/SNF family remodelers in yeast and human

Em resumo, foram identificadas duas subfamílias de complexos de remodelação da cromatina SWI/SNF em células eucarióticas que se diferenciam pela presença de componentes distintos: SWI/SNF/BAP/BAF e complexos RSC/PBAP/PBAF.

4. FAMÍLIA ISWI

O complexo de remodelação da família ISWI (Imitation Switch) foi descoberto pela primeira vez em Drosophila melanogaster e mais tarde demonstrou ser conservado em muitos outros organismos. Este complexo proteico apresenta um elevado nível de semelhança com a família de remodelação da cromatina SWI/SNF no domínio da ATPase. Exceptuando o domínio ATPase, a ISWI não apresenta a mesma semelhança com os membros da família SWI/SNF, na medida em que possui um domínio SANT no terminal C em vez do bromodomínio. Adjacente ao domínio SANT, possui também um domínio SLIDE (SANT-like ISWI). Estes dois domínios são os factores-chave que individualizam a família ISWI das restantes famílias de remodeladores da cromatina. Em conjunto, estes dois domínios formam um módulo de reconhecimento de nucleossomas que se liga ao ADN e às caudas não modificadas da histona H4.

A família ISWI pode ainda ser dividida em vários membros que apresentam variações em diferentes espécies. Na levedura, os membros da ISWI consistem em ISWla, ISWlb e ISW2. Os ortólogos da mosca incluem o NURF (fator de remodelação do nucleossoma), o CHRAC (complexo de acessibilidade da cromatina) e o ACF (fator de montagem e remodelação da cromatina que utiliza ATP). Os ortólogos humanos são NURF, CHRAC, ACF, WICH, NoRC, RSF e CERF.

Além disso, cada complexo ISWI é composto por 2-4 subunidades que constituem três tipos de domínios (ATPase, não-catalítico e distintivo). Por exemplo, a proteína NURF em humanos é composta pelas subunidades BPTF, SNF2L e pRBAP46/48.

Os complexos ISWI apresentam várias actividades, por exemplo, CHRAC, ACF e ISW de levedura espaçam regularmente os nucleossomas, enquanto NURF apresenta a atividade oposta. O controlo do espaçamento dos nucleossomas confere a estes complexos a capacidade de regular a transcrição, quer por ativação quer por repressão, facilitar a replicação através da heterocromatina e manter a cromatina e a organização cromossómica de ordem superior.

Em Drosophila, a perda de ISWI resulta em defeitos globais de transcrição e leva a alterações pronunciadas da estrutura de ordem superior da cromatina, mais particularmente no cromossoma X masculino. A família ISWI dos mamíferos foi recentemente considerada como uma das principais famílias de complexos de remodelação da cromatina dependentes de ATP, que funciona na resposta a danos no ADN e está implicada em pelo menos 3 vias principais de reparação do ADN: recombinação homóloga, junção de extremidades não homólogas e reparação por excisão de nucleótidos. A investigação clínica também relacionou a ISWI com mecanismos de cancro. Por exemplo, as duplicações no cromossoma 17q que contém o gene NURF estão envolvidas em cancros humanos como o do pulmão, da mama, do cérebro, do fígado e da próstata.

Complex	Organism	Catalytic subunit	Auxillary subunit
NURF	Fly	ISWI	NURF301,NURF55/P55,NURF38
ACF			ACF
CHRAC			ACF,CHRAC 14,CHRAC 16
ISWI1a	Yeast	ISWI	loc3
ISWI1b			Loc2,loc4
ISW12		ISWI2	Itc1
NURF	Human	Snf2L	BPTF, RbAp46 or RbAP48
ACF		Snf2H	ACF1
CHRAC			ACF1, CHRAC17, CHRAC15
NoRC			Tip5
RSF			Rsf1
WICH			Wstf

ISWI family remodelers in fly, yeast and humans

5. FAMÍLIA CHD

A família CHD (Chromodomain-Helicase-DNA binding) distingue-se pela presença de dois cromodomínios em tandem que estão presentes no terminal N do domínio ATPase. O cromodomínio (modificador da organização da cromatina) é um motivo de sequência evolutivamente conservado que foi inicialmente identificado como uma região de 37 resíduos de aminoácidos e depois como uma região de 50 aminoácidos com homologia de repressores epigenéticos, a proteína de heterocromatina 1 (HP1) e Polycomb (Pc) de Drosophila melanogaster.

Além disso, os cromodomínios também foram observados em histonas acetiltransferases e histonas metiltransferases. O cromodomínio é indispensável na mediação das interacções da cromatina, ligando-se diretamente ao ADN, ao ARN e à histona H3 metilada. A família CHD divide-se ainda em três subfamílias: CHD1, Mi-2 e CHD7, com base na presença de motivos estruturais adicionais.

A subfamília CHD1 contém um domínio C-terminal de ligação ao ADN que se liga preferencialmente ao ADN rico em AT in vitro (os membros incluem as proteínas Chd1 e Chd2 nos eucariotas superiores). A subfamília Mi-2 não possui o domínio de ligação ao ADN e contém um par de domínios PHD (homeodoma de plantas) do tipo dedo de zinco no terminal N. As Chd3 e Chd4 humanas, também conhecidas como Mi-2a e Mi-20 em Drosophila, estão envolvidas na ligação ao nucleossoma e na regulação da transcrição com base na cromatina.

Os membros da subfamília CHD7 possuem domínios C-terminais adicionais, incluindo domínios BRK (Brahma e Kismet) emparelhados, um domínio do tipo SANT (proteína 3 com defeito de comutação, adaptador 2, co-repressor de recetor nuclear, fator de transcrição IIIB), domínios CR e um domínio de ligação ao ADN (os membros incluem as proteínas Chd5, Chd6, Chd7, Chd8 e Chd9). Também se ligam preferencialmente aos traços ricos em AT; no entanto, a atividade de ligação ao ADN só foi demonstrada experimentalmente para a Chd9.

Complex	Organism	Catalytic subunit	Auxillary subunits
Chd1	Fly	Chd1	
Chd2		Chd2	
NuRD		Mi-2	MBD2/3, MTA, RPD3, p55, p66/68
Chd1	Human	Chd1	
Chd2		Chd2	
NuRD		Chd3/Chd4	MBD3, MTA1/2/3, HDAC1/2, RbAp46/48, p66α/β, DOC-1
		Chd5	
		Chd7	PARP1, PBAF complex

CHD family remodelers in fly and humans

As propriedades biológicas dos membros da família CHD são extremamente heterogéneas. Podem existir como monómeros in vivo ou como subunidades de complexos multiproteicos. O membro mais bem estudado da família CHD é o complexo NURD (nucleosome remodeling and deacetalase), que contém Chd3/Chd4, histona desacetilases (HDAC1/2) e proteínas com domínio de ligação metilCpG (MBD). Está envolvido na repressão transcricional de um conjunto específico de genes durante o desenvolvimento de D.melanogaster , C.elegans e mamíferos. A Chd1, juntamente com a Iswl, são também conhecidas como enzimas de espaçamento de nucleossomas, que são importantes para manter a organização nucleossómica na levedura. Até à data, Chd3, Chd4, Chd5 e Chd7 foram associados a processos de doença humana. Chd3 e Chd4 são identificados como auto-antigénios em doentes com dermatomiosite (uma doença do tecido conjuntivo caracterizada pela inflamação dos músculos e da pele). Chd3 e Chd5 estão associados ao linfoma de Hodgkin e ao neuroblastoma, respetivamente. A síndrome CHARGE resulta da haploinsuficiência de Chd7 em humanos, uma vez que Chd7 é crucial para o desenvolvimento de células migratórias multipotentes da crista neural, que contribuem para a formação de muitos tecidos afectados na síndrome CHARGE.

6. FAMÍLIA INO80

A caraterística da família de enzimas de remodelação INO80 (inositol requiring 80) que a distingue das restantes famílias de remodelação da cromatina é a presença de uma grande região de inserção que cria o domínio ATPase dividido. Esta inserção é pequena para os membros da levedura (247-282 aminoácidos) mas relativamente grande (>1000 aminoácidos) para os mamíferos. Este módulo distinto, para além da atividade ATPase, actua como um andaime para a associação de proteínas do tipo RuvB, Rvb1 e Rvb2. RuvB, uma resolvase/helicase dependente de ATP bacteriana, forma um hexâmero duplo à volta das junções de Holliday para facilitar a sua migração durante a recombinação homóloga. Em contraste com os remodeladores de outras famílias, o complexo INO80 apresenta atividade de DNA helicase e liga-se a estruturas especializadas de DNA invitro que se assemelham a junções de Holliday e forquilhas de replicação. Este facto implica o papel do complexo na recombinação homóloga e na replicação do ADN.

Complex	Organism	Catalytic subunit	Auxillary subunits
INO80	Yeast	Ino80	Rvb1, Rvb2, Arp5, Arp8, Arp4, Act1, Taf14, Ies1, Ies2, Ies3, Ies4, Ies5, Ies6, Nhp10
SWR1		Swr1	Rvb1, Rvb2, Arp6, Arp4, Act1, Yaf9, Swc4/Eaf2, Swc2, Swc3, Swc4, Swc5,Swc6, Yaf9, Bdf1, Swc7, H2AZ, H2B

INO80 family remodelers in yeast and human

A família INO80 de enzimas de remodelação é composta por duas classes de enzimas, Ino80 e Swr1, purificadas de leveduras, Drosophila e células de mamíferos. Todos os organismos caracterizados até à data consistem num membro da classe de enzimas Ino80, enquanto os mamíferos contêm pelo menos duas enzimas de remodelação distintas que possuem diferentes ATPases da classe Swr1, SRCAP e p400. A ATPase p400 é a mais divergente da Swr1 da levedura. A INO80 da levedura controla a dinâmica e a distribuição da variante da histona H2A.Z em todo o genoma. A INO80 e a SWR1 apresentam atividade de troca de histonas e são capazes de substituir a H2A.Z/H2B nucleossómica por dímeros de H2A/H2B livres. Ambos os complexos de remodelação podem expulsar histonas do ADN e deslizar nucleossomas invitro num modelo de cromatina reconstituído. O complexo INO80 regula cerca de 20% dos genes da levedura e participa em vários processos nucleares, como a transcrição, a replicação do ADN e a reparação de quebras de cadeia dupla do ADN, interagindo com o γ-H2AX e recrutando os complexos MRX e Mec1 para o local do dano no ADN.

7. MECANISMO DE TRANSLOCAÇÃO DOS REMODELADORES DA CROMATINA

Todos os complexos de remodelação da cromatina partilham o mecanismo comum de translocação do ADN. Foram realizados ensaios directos e indirectos para testar a translocação. Os ensaios directos incluem observações visuais e/ou de molécula única em tempo real da translocação do ADN (por exemplo, pinças ópticas ou magnéticas e cortinas de ADN). O efeito dos remodeladores no deslizamento dos nucleossomas e as alterações na topologia foram realizados indiretamente, tendo-se verificado que eram consistentes com a translocação, ou igualmente com outros modelos, como a imposição de torção do ADN ou alterações conformacionais do octâmero de histonas. Os remodeladores SWI/SNF são os remodeladores da cromatina mais estudados. Todos os ensaios foram testados com este complexo e poucos foram testados com outros remodeladores. Os dados são consistentes com a translocação do ADN, proporcionando assim um mecanismo unificador da remodelação da cromatina. Os remodeladores da cromatina partilham um núcleo catalítico comum de dois lóbulos semelhantes a RecA, como helicases para a translocação do ADN. Não provocam a separação das cadeias como as hélices e diferem destas por não inserirem o seu domínio proteico entre as duas cadeias, provocando a separação das mesmas. Estes dois lóbulos do tipo RecA ligam-se à mesma cadeia de ADN, com um lóbulo ligeiramente à frente do outro. Isto permite um mecanismo de movimento unidirecional que envolve a ação recíproca dos dois lóbulos do tipo RecA que se ligam e libertam sequencialmente o ADN. Aparentemente, movem 1-2 pb de ADN por ciclo de ligação-hidrólise-libertação de ATP. As enzimas da família SWI/SNF movem-se na direção 3'-5' e este movimento pode ser grandemente prejudicado mesmo com um único par de bases em falta. Ocorre uma rotação helicoidal do ADN por cada ~10 pb por propulsão do ADN quando a enzima translocadora está fixada ao nucleossoma.

Os primeiros modelos de remodelação descrevem que a translocação envolve o movimento processual do remodelador ao longo do ADN. É semelhante ao movimento da polimerase do ARN ou do ADN, que envolve a descamação do ADN enquanto viaja à volta do octâmero. No entanto, muitos estudos, tais como a marcação de pegadas por radicais hidroxilo, a ligação cruzada, a hipersensibilidade à DNase I, a transferência de energia por ressonância de fluorescência (FRET) e a análise comparativa de mononucleossomas com ou sem lacunas de ADN específicas da cadeia, apoiam um modelo alternativo de remodelação em que os dois lóbulos semelhantes a RecA se ligam à cromatina no interior do nucleossoma na localização super-helical 2 (SHL2), a duas voltas helicoidais do eixo da díade. A posição da translocase permanece fixa no octâmero devido à utilização do domínio de ligação às histonas (HBD). O HBD está localizado no terminal carboxi da SWI/SNF, ajuda a manter a ligação ao octâmero durante a translocação forçada do ADN e é necessário para a evicção do nucleossoma. É importante notar que a posição do domínio da translocase permanece fixa no octâmero, provavelmente através da utilização de um domínio de ligação às histonas (HBD). Enzimas como ISWI e CHD sem o terminal C mostram uma atividade de deslizamento moderada, sugerindo assim que reside no domínio da translocase ou nos terminais amino destas proteínas. Os resultados combinados da translocação do ADN testada na subfamília SWI/SNF, ISWI e CHD sugerem um conceito unificador que envolve que a translocação do ADN ocorre numa localização fixa, a duas voltas helicoidais da díade do nucleossoma. A translocase, ao ligar-se à SHL2, efectua uma translocação direcional do ADN que envolve uma ação recíproca de dois lóbulos do tipo RecA, puxando o ADN do lado proximal do nucleossoma (o local de entrada do ADN, que fica a cerca de 50 pb da translocase) e bombeando-o para o lado distal (o local de saída do ADN, que fica a cerca de 97 pb da translocase). Esta translocação resulta na criação de uma torção no ADN que tem polaridade oposta em cada lado do domínio da translocase. O lado proximal está subtorcido e não tem ADN suficiente, enquanto o lado distal está sobretorcido e contém ADN em excesso. O ADN é retirado do lado promixal devido à quebra dos contactos histona-ADN. Este segmento de ADN propaga-se como uma onda em direção ao local de saída distal do nucleossoma por difusão, com os contactos histona-ADN quebrados na extremidade anterior da onda e formados de novo na extremidade posterior da onda, quando vistos a partir da localização do domínio da translocase. Ao chegar ao ligante distal, a torção do ADN é resolvida e o ligante é alargado em 1 -2 pb, resultando no deslizamento global do octâmero de histonas 1 -2 pb ao longo do ADN. Através da iteração, os ciclos de hidrólise do ATP conduzem a uma deslocação direcional adicional. Este modelo foi designado por "onda de ondulação" (waveratchet-wave) para designar o movimento do ADN tanto em direção ao domínio interno da translocase como para o afastar. Estas "ondas" podem ser tão pequenas como 1 pb, ou podem envolver mais de 1 pb no lado proximal do domínio da translocase, especialmente se o movimento do ADN for limitado. O domínio da translocase também funciona como uma catraca interna para assegurar o movimento direcional do ADN.

CAPÍTULO 4: ESTRUTURA DA CROMATINA DE ORDEM SUPERIOR

5. Estrutura de ordem superior da cromatina

6. A fibra de 30 nm e o papel da histona H1

7. Papel das proteínas arquitectónicas na organização do genoma 3D

8. O cromossoma metafásico

ESTRUTURA DE ORDEM SUPERIOR DA CROMATINA

A estrutura da cromatina de ordem superior pode ser referida como uma conformação 3D reproduzível da montagem dos nucleossomas. Os cromossomas meióticos e mitóticos apresentam a estrutura de cromatina de ordem superior mais evidente, uma vez que o ADN é compactado cerca de 10 000 a 20 000 vezes durante estas fases. Os cromossomas da fase metafásica têm formas características, padrões de bandas e localizações de genes específicos. O estudo realizado por Strukov e Belmont, utilizando microscopia ótica, mostrou que os cromossomas apresentam uma estrutura consistente em termos de posicionamento longitudinal das bandas e dos genes, mas a variabilidade intrínseca modula a consistência longitudinal até 0,3um. No entanto, o mesmo estudo revelou que o posicionamento axial não apresentava consistência, sugerindo que existe uma plasticidade considerável na arquitetura da cromatina a algum nível ou níveis de dobragem.

Em 2001, Woodcock e Dimitrov propuseram o conceito de que a estrutura primária, secundária, terciária e quaternária das proteínas também pode ser aplicada de forma útil às hierarquias estruturais da cromatina. O nucleossoma (pérolas num fio e ADN de ligação) é a estrutura primária da cromatina. A estrutura secundária resulta da interação entre diferentes nucleossomas e pode envolver interacções análogas às da estrutura secundária das proteínas. Pode prever-se que a cromatina forme uma estrutura secundária altamente ordenada devido à presença de nucleossomas repetidos mais ou menos idênticos aos das proteínas, que consistem em 20 aminoácidos diferentes.

A estrutura primária da cromatina, que consiste no nucleossoma e no ADN de ligação, parece simples, mas há uma série de parâmetros potenciais que contribuem para a sua complexidade. Em 1997, Luger et al. fizeram um grande avanço ao gerar a estrutura cristalina da partícula central do nucleossoma. As porções de quatro histonas não são visíveis nos dados de raios X devido à sua evidente mobilidade. Por exemplo, as regiões terminais não estruturadas que são extremamente importantes na modulação da estrutura da cromatina não são vistas nos dados de raios X. Estudos revelaram que o comprimento do DNA de ligação entre os NCPs não é constante. O comprimento do DNA ligante varia não só entre espécies, mas também entre tecidos do mesmo organismo e dentro de um mesmo núcleo. O comprimento médio dos ligantes varia de um valor baixo de ~20 pb em leveduras em brotamento a ~75 pb em espermatozóides de equinodermos. Para um núcleo típico de vertebrado, o comprimento médio dos ligantes é de ~35 pb. Os nucleossomas estão localizados em posições específicas no ADN e esta preferência mantém-se durante a remodelação dos nucleossomas in vitro. Esta localização específica é também importante, principalmente a montante das regiões promotoras, nas quais os nucleossomas estão preferencialmente localizados ou excluídos, contribuindo assim para a regulação da transcrição. Para além de variarem no comprimento do ADN de ligação, os nucleossomas diferem no conteúdo de variantes de histonas centrais e de modificações pós-traducionais das histonas. É provável que estas variações sejam responsáveis pela complexidade da estrutura secundária dos nucleossomas.

A utilização de microscopia de luz e eletrónica para estudar as estruturas secundárias e de ordem superior da cromatina fornece muito pouca informação porque estas técnicas não conseguem resolver adequadamente os nucleossomas e o ADN de ligação. As experiências in vivo realizadas com microscopia eletrónica sugerem que a cromatina forma uma massa "fundida" semelhante à de certos polímeros, devido à incapacidade de fornecer provas sobre a estrutura de ordem superior. Está a ser desenvolvida uma nova técnica que utiliza material hidratado congelado e que pode ser útil para traçar o percurso das cadeias de nucleossomas através do núcleo. Esta técnica utiliza amostras congeladas que são desbastadas por moagem utilizando um feixe de iões focalizado que não envolve compressão e possível aquecimento local gerado durante a criosecção.

2. A FIBRA DE 30 nm E O PAPEL DO HISTÓRICO H1

A disposição solenoide de uma cadeia de nucleossomas na presença da histona H1 é descrita como uma fibra de 30 nm. A histona H1 é responsável tanto pela estrutura dos nucleossomas como pela estrutura da cromatina de ordem superior. A estrutura solenoide também é detectada a uma força iónica elevada, mesmo na ausência de Hl, mas há uma diminuição da condensação e uma falha na orientação regular em comparação com a presença de Hl. Foram efectuados numerosos estudos em fibras de 30 nm que conduziram a dois tipos principais de disposição das cadeias de nucleossomas. O descrito por Thoma et al. em 1979, define o solenoide como uma hélice de um só arranque em que nucleossomas consecutivos se seguem uns aos outros e o ADN de ligação entre nucleossomas está orientado para o centro da fibra solenoide. O segundo modelo descrito por Bendar et al. envolve a disposição em ziguezague dos nucleossomas, em que o ADN ligante liga duas filas de nucleossomas para trás e para a frente, resultando na formação de uma estrutura duplamente helicoidal de dois arranques. O modelo de ziguezague foi derivado da estrutura de raios X de tetranucleossomas montados em soluções contendo concentrações de catiões divalentes necessárias para a compactação da cromatina. Este modelo facilita a interação do núcleo do nucleossoma após a compactação da fibra de cromatina de ordem superior, colocando a cauda de H4 e o dímero H2A-H2B perto um do outro.

O modelo de um só arranque é apoiado por estudos realizados em matrizes de nucleossomas com comprimento de repetição variável utilizando microscopia eletrónica. Para apresentar um modelo para a fibra de 30 nm, a densidade de empacotamento das fibras foi calculada a partir das dimensões das matrizes nucleossómicas condensadas. Estes estudos propuseram que a fibra de 30 nm é caracterizada por nucleossomas interdigitados. A controvérsia sobre os dois modelos foi concluída por Robinson e Rhodes em 2006, propondo que a estrutura muito compacta se forma apenas na presença da histona H1. Estudos realizados por Dorigo e seus colegas sobre pilhas nucleossómicas revelaram que se formam ligações cruzadas entre as histonas H4 e H2A vizinhas, o que apoia o modelo de dois arranques e é independente da presença ou ausência e do comprimento de repetição da H1. Os dados relativos às características da fibra de 30 nm baseiam-se sobretudo em estudos in vitro e é bem possível que, in vivo, se apliquem diferentes tipos de organização a pequenas manchas funcionais de cromatina e que estas estejam sujeitas a uma transição dinâmica. Os diferentes estados funcionais locais da cromatina podem ser influenciados pela modificação diferencial e pela deposição ou remoção de diferentes subtipos de H1. A posição exacta da H1 ainda não foi obtida, o que poderia definir o modelo solenoide ou em ziguezague. No entanto, a dependência da compactação da cromatina e da topologia do ADN da formação de estruturas de cromatina de ordem superior na histona H1 foi evidenciada por várias experiências.

3. PAPEL DAS PROTEÍNAS ARQUITECTURAIS NO GENOMA 3D ORGANIZAÇÃO

As proteínas responsáveis pela orquestração da estrutura da cromatina de ordem superior são conhecidas como proteínas arquitectónicas. Com o advento de novas técnicas como a captura da conformação cromossómica (3C), 4C e HiC, foi possível determinar o papel destas proteínas arquitectónicas no estabelecimento da organização 3D do genoma. A plasticidade da arquitetura da cromatina 3D, que dita os esquemas de expressão genética específicos da célula e do tempo, pode ser orientada pela regulação destas proteínas, pela sua interação com o ADN e pela sua coocorrência no genoma. Estas proteínas foram descritas em organismos que vão da levedura ao homem.

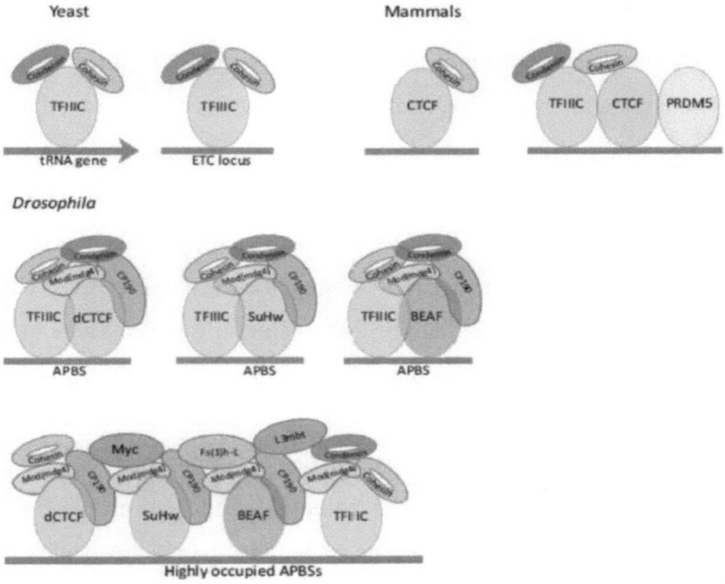

Adaptado de Trends in Cell Biology TICB-1079

Estrutura e organização dos sítios arquitectónicos de ligação às proteínas (APBS) em leveduras, Drosophila e mamíferos

A existência de domínios topologicamente associados tanto em Drosophila como em mamíferos foi descrita pela utilização recente de abordagens derivadas de 3C, tais como 5C e Hi-C. Os domínios topologicamente associados são compartimentos discretos do genoma que apresentam uma elevada frequência de interacções intradomínio. A frequência de interação de um TAD com outro é muito baixa devido à formação de fronteiras de TAD. As fronteiras TAD de Drosophila e mamíferos contêm genes altamente transcritos, incluindo genes de manutenção, e proteínas de arquitetura. Os locais onde estas proteínas arquitectónicas se ligam são designados por Architectural Protein Binding Sites (ABPSs) e estão distribuídos de forma desigual no TAD e na fronteira do TAD. Por exemplo, em células de rato e humanas, apenas 15% dos sítios de CTCF estão presentes nas fronteiras dos TAD, enquanto a maioria dos sítios de ligação de CTCF (85%) se localizam dentro dos TAD, onde medeiam interacções destinadas a regular várias etapas do processo de transcrição. Estes resultados, em conjunto, sugerem a existência de várias subclasses funcionais, APBSs associadas a fronteiras e não associadas a fronteiras. A diferença funcional entre os dois tipos de APBSs parece depender do número de proteínas arquitecturais presentes. Por exemplo, em mamíferos, existe uma forte associação entre as fronteiras dos TAD e a presença de CTCF, TFIIIC, cohesin e PRDM5. Do mesmo modo, na Drosófila, a CTCF agrupa-se nas fronteiras dos TAD com condensinas, coesina, TFIIIC, BEAF-32, Su(Hw), CP190, Mod(mdg4), DREF, Chromator e L(3)mbt. Estudos realizados em células de ratinho e humanas demonstraram que 60-70% dos TADs são conservados entre células estaminais embrionárias (ESCs) e células diferenciadas, e mesmo entre células de ratinho e humanas. Estas observações definem o TAD como um domínio estático do genoma do organismo que permite a interação entre genes e sequências reguladoras nele localizadas e restringe as interacções com outros TAD. O conceito de fronteiras dos TAD é relativo e é calculado computacionalmente através de algoritmos que, implícita ou explicitamente, estabelecem limiares para a frequência relativa de interacções dentro e entre os TAD que ladeiam a fronteira. As fronteiras das ADT podem ser divididas em fronteiras fortes e fracas, consoante a frequência das interacções dentro de uma ADT e com outras ADT. As fronteiras fortes das DAT correspondem às DAT que não apresentam interacções entre DAT, enquanto as fronteiras fracas separam as DAT com uma elevada frequência de interacções entre DAT. Os limites dos ADT são relativos, cuja força pode ser modulada e, por conseguinte, não excluem as interacções entre genes e sequências reguladoras presentes em diferentes ADT. Isto foi observado durante a diferenciação da mesoderme em Drosophila, em que o potenciador presente num TAD entra em contacto com o promotor presente num TAD diferente. O número de proteínas arquitectónicas presentes na fronteira define a força da fronteira tanto em Drosophila como em mamíferos. Estudos em Drosophila descreveram que as bordas fortes do TAD são formadas em APBSs de alta ocupação contendo 8-12 proteínas arquitectónicas, resultando no bloqueio da atividade do potenciador em ensaios de repórteres funcionais. Os APBSs com cinco a oito proteínas têm uma fraca força de fronteira e uma fraca atividade de bloqueio do potenciador. Os APBSs com duas a cinco proteínas arquitectónicas são enriquecidos dentro dos TADs e não interferem com as interacções potenciador-promotor em ensaios de repórteres funcionais. Estes resultados sugerem que as proteínas arquitectónicas localizadas no interior dos TADs podem facilitar as interacções entre os promotores dos genes e as suas sequências reguladoras, enquanto que as presentes nas fronteiras dos TADs podem impedir as interacções entre os genes e as sequências reguladoras localizadas em diferentes TADs. Vários estudos recentes demonstraram o papel das proteínas arquitectónicas no controlo da organização dos TADs e da força das fronteiras dos TADs. A depleção da coesão em células renais embrionárias mostrou uma perda geral de interacções intracromossómicas sem afetar a organização dos TAD, ao passo que a depleção da CTCF causou uma diminuição semelhante da frequência das interacções intra-TAD, concomitantemente com um aumento da frequência das interacções entre TAD adjacentes. Os astrócitos de ratinho deficientes em Cohesin apresentam um número reduzido de interacções de longo alcance mediadas por CTCF e cohesin, juntamente com um relaxamento da organização dos TAD. Este relaxamento dos TADs pode dever-se à falta de ligação à cohesina ou a um aumento da frequência das interacções inter-TADs, tal como observado nas células deficientes em CTCF, diminuindo assim a força da fronteira dos TADs.

4. O CROMOSSOMA METAFÁSICO

O cromossoma metafásico, uma manifestação consistente da estrutura de cromatina de ordem superior, compacta o ADN de 10.000 a 20.000 vezes. Existem vários aspectos característicos do cromossoma metafásico que são resumidos a seguir:

1. Para uma dada espécie, os braços do cromossoma apresentam um diâmetro constante, embora existam variações no diâmetro do cromossoma de espécie para espécie. A constância da largura é independente da sequência de ADN. Nos casos em que o cromossoma apresenta uma grande inserção, quer em resposta a um defeito genético que é superado pela montagem de múltiplas repetições em tandem do gene mutado, quer pela inserção de loci repetidos em tandem. Estas inserções, que aparecem como regiões de coloração homogénea (HSRs) na metáfase devido à sua falta de organização em banda/interbanda, têm um diâmetro constante que se assemelha muito

ao do resto dos cromossomas.

2. Foi bem caracterizado que, à exceção dos sistemas politénicos, os cromossomas são uninémicos, ou seja, uma única cadeia de ADN, embora multiplamente dobrada, abrange de uma extremidade (telómero) à outra. No entanto, para um determinado cromossoma, a localização dos genes e os padrões de bandas metafásicas são consistentes de célula para célula.

3. A base estrutural da arquitetura cromossómica é constituída por unidades nucleares denominadas "andaimes", que contêm sequências de ADN específicas (regiões de ligação ao andaime ou SRA) enriquecidas com proteínas que são essenciais para o andaime e, por conseguinte, para a integridade estrutural do cromossoma.

4. Uma família de proteínas de "manutenção estrutural dos cromossomas" (SMC) é importante para uma transmissão cromossómica eficiente. Além disso, dois complexos, a cohesina e a condensina, contêm SMCs e estão envolvidos na condensação dos cromossomas e na adesão da cromatina irmã. A condensina está distribuída axialmente nos cromossomas e a sua ausência ou mutação conduz a uma condensação inadequada.

5. Os cromossomas apresentam um grau de elasticidade notável, regressando repetidamente ao seu comprimento original depois de serem esticados até cerca de cinco vezes. Isto sugere que os cromossomas mitóticos são constituídos por uma rede ou gel de fibras individuais de cromatina que estão ligadas por elementos de ligação cruzada, muito provavelmente proteínas.

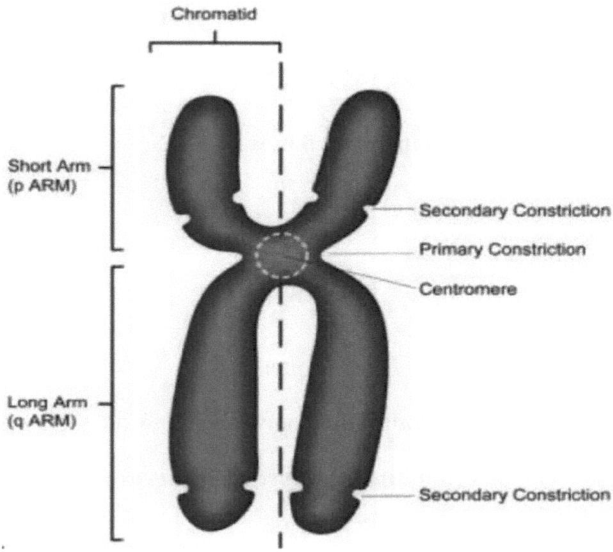

(Adaptado de Cell, 5 Estrutura do cromossoma humano)

Cromossoma Metafásico

CAPÍTULO 5: PAPEL DA REMODELAÇÃO DA CROMATINA

1. PAPEL DA REMODELAÇÃO DA CROMATINA NA DANIFICAÇÃO DO ADN

O ADN nas células é vulnerável a danos. Os danos no ADN podem ocorrer espontaneamente por stress metabólico intracelular ou induzidos durante processos geneticamente programados, como a reorganização dos genes durante o desenvolvimento dos linfócitos e a recombinação nas células germinativas. Pode também ocorrer devido a factores ambientais, como a exposição das células a vários agentes genotóxicos, como a radiação UV, os raios ionizantes e os agentes alquilantes. Estes danos no ADN podem levar a mutações de base única ou a lesões cromossómicas mais deletérias, resultando na instabilidade do genoma. A fim de manter a fidelidade genómica, as células desenvolveram uma vasta gama de mecanismos de reparação dos danos no ADN.

Uma pequena lesão no ADN pode levar a uma remodelação global da cromatina, com alterações que incluem modificações das histonas, posicionamento dos nucleossomas e dobras de ordem superior da cromatina. É importante manter a integridade do genoma, tanto para as funções celulares normais como para a supressão de eventos mutagénicos que podem levar ao cancro. Além disso, os danos no ADN do epigenoma podem tornar-se hereditários se não forem reparados. Os processos que regulam a estrutura da cromatina na deteção e reparação dos danos no ADN incluem a regulação da fosforilação do H2AX, a ribosilação do poliADP e a sumoilação na resposta aos danos no ADN (DDR).

1.1 Fosforilação da H2AX

A fosforilação em Ser 139 da histona H2AX, catalisada por ATM e ATR, é um evento chave que inicia a DDR. A fosforilação da Ser 139 é muito rápida e actua como uma plataforma para recrutar Mdc1 (mediador do ponto de verificação de danos no ADN 1) e outros factores adicionais, como 53BP1, RNF8 e o complexo BRCA1A, diretamente para os locais afectados. Estudos recentes elucidaram que a fosforilação em Tyr 142 provocada pelo WSTF (fator de transcrição da síndrome de Williams) desempenha um papel fundamental na regulação das funções da H2AX na DDR. A inibição da fosforilação de Tyr142 não afecta a formação de focos de H2AX na fase inicial da DDR, mas diminui consideravelmente nas fases posteriores de recuperação. A cinética do ciclo de fosforilação/desfosforilação da γ-H2AX pode ser alterada na ausência de Tyr142. A desfosforilação de Tyr142 pela fosfatase EYA (olho ausente) é importante para o reconhecimento de γ H2AX por proteínas de reparação de danos, como é evidente pelo facto de a presença continuada de fosforilação em Tyr142 resultar na ligação de factores pró-apoptóticos, como JNK1, em vez da ligação dependente de MDC1 de proteínas de reparação de ligação de ADN a γH2AX. Estudos recentes demonstraram que a microcefalina (MCPH1), uma proteína de resposta precoce aos danos no ADN, interage com a H2AX duplamente fosforilada. No entanto, são necessários mais estudos para conhecer a função exacta dessas interacções.

1.2 Poli ADP-ribosilação

Várias vias adicionais também recrutam várias proteínas diretamente para a lesão do

ADN. Um dos primeiros eventos na DDR é a ribosilação do poliADP. A poli (ADP-ribose) polimerase 1 (PARP-1) detecta a quebra do ADN através do seu domínio de dedo de zinco, produzindo uma alteração conformacional na PARP-1, o que, por sua vez, resulta num aumento da dinâmica do seu domínio catalítico. A quebra do ADN é imediatamente traduzida numa modificação pós-traducional das histonas H1 e H2B, levando à alteração da estrutura da cromatina. O recrutamento de proteínas DDR no local da quebra de ADN ocorre através do recrutamento inicial de PARP-1 que ativa e localiza a síntese de poli (ADP-ribose), gerando um segundo local de ligação de PARP-1 e outras proteínas DDR. No entanto, estudos recentes demonstraram que os reguladores negativos das proteínas de transcrição, tais como os membros do grupo polycomb (PcG), a remodelação do nucleossoma e a desacetilase (NuRD), são recrutados pela PARP-1 e -2 para locais de danos no ADN, o que resulta na rápida perda de ARN nascente e na elongação da ARN polimerase. Isto sugere que parte do papel regulador da PARP na DDR envolve a repressão da transcrição.

1.3 Sumoylation

A imunofluorescência e a imagiologia de células vivas mostraram que os componentes da via de sumoylation (SAE1), E2 (Ubc9), duas das diversas enzimas E3 (PIAS1 e PIAS4) e os conjugados SUMO1, 2 e 3 são rapidamente recrutados para os locais de danos no ADN. A sumoylação de BRCA1 é necessária para a sua atividade de ubiquitina ligase. Embora a associação de 53BP1, BRCA1 e RNF168 aos locais de lesão do ADN exija a acumulação de PIAS1 e PIAS4 nos locais danificados, vários estudos revelaram que as vias de sinalização da sumoilação e da ubiquitinação estão integradas na resposta celular à lesão do ADN. Por exemplo, a RNF4 humana, uma ubiquitina E3 ligase orientada para a SUMO, é recrutada para DSBs em função dos seus motivos de interação com a SUMO. A depleção de RNF4 resulta na diminuição da formação de adutos de ubiquitina nos locais de DSB, levando à persistência da fosforilação da histona H2AX. Também afecta a eliminação de 53BP1, RNF8 e RNF168 dos focos de danos no ADN. A interação física de RNF4 com a porção SUMO faz progredir a reparação do ADN através da ubiquitinação de componentes DDR sumoilados nos locais de lesão do ADN. O segundo exemplo que mostra que a sumoilação está envolvida na reparação do ADN é o facto de a sumoilação da RPA (proteína de replicação A) ocorrer durante uma lesão do ADN. A sumoilação da RPA resulta no recrutamento da Rad51 nos locais de danos no ADN, iniciando o processo de reparação do ADN através da recombinação homóloga. Para além disso, um estudo recente demonstrou que um grande grupo de proteínas que participam na reparação do ADN sofrem sumoilação. A importância da sumoilação na reparação do ADN e, por conseguinte, na manutenção da estabilidade genómica é demonstrada pela falha da replicação completa devido à sumoilação defeituosa destas proteínas.

1.4 Danos no ADN processados na heterocromatina

A compactação do ADN interfásico no genoma não é uniforme, o que resulta na formação de uma banda de eucromatina com coloração clara e de uma banda de heterocromatina com coloração densa. A eucromatina contém normalmente genes ativamente transcritos, uma vez que é pouco compactada e, por conseguinte, mais acessível à maquinaria de transcrição, ao passo que a heterocromatina é densamente compactada e é principalmente responsável pela supressão da transcrição e pela recombinação de sequências de ADN repetitivas. A heterocromatina é caracterizada por modificações específicas das histonas, como a di e a trimetilação da histona H3 na lisina 9, e está associada à proteína heterocromatina (Hpl). Como resultado, várias proteínas são recrutadas para manter a estrutura altamente compacta da heterocromatina. A perturbação da estrutura da heterocromatina resulta em defeitos cromossómicos que aumentam a ocorrência de DSBs espontâneos e a expansão de matrizes de repetição de ADN. Os danos no ADN na heterocromatina resultam na descondensação, expondo assim o ADN à reparação. Um estudo recente realizado em células de drosófila demonstrou a formação de focos de γ H2A na heterocromatina com um nível igual ao dos locais não heterocromáticos, sugerindo que pode ocorrer uma DDR completa na heterocromatina. No entanto, a imagiologia de células vivas e a imunofluorescência revelaram a ausência de focos de γ H2A em fases posteriores de DSBs induzidos por IR.

Durante a reparação de DSBs na heterocromatina, são levantadas duas questões. A primeira é que a heterocromatina restringe a ligação das proteínas de reparação devido às restrições estruturais da heterocromatina produzidas pela sua elevada compactação. Por conseguinte, a taxa de reparação de DSB na heterocromatina é lenta e menos eficaz do que na eucromatina. A reparação de DSB na heterocromatina é iniciada pelo relaxamento da cromatina através da sinalização ATM. Este relaxamento permite a ligação das proteínas DDR aos locais de lesão do ADN. O processo de reparação do ADN é iniciado pela fosforilação de uma proteína repressora da transcrição, KAP1 (KRAB-associated proteinl), por ATM. A KAP1 promove a repressão transcricional e a condensação da cromatina através do recrutamento de HP1 e Mi2a para a cromatina. A ligação da KAP1 aumenta na ausência de ATM, sugerindo que a fosforilação da KAP1 diminui a sua afinidade pela cromatina, o que, por sua vez, reduz a condensação da cromatina.

A segunda questão é se a célula escolhe a via NHEJ (non-homologous end joining) ou HR (homologous repair) para a reparação de DSBs. A HR pode resultar na formação de cromossomas dicêntricos e acêntricos em repetições estreitamente agrupadas. Sabe-se que estas anomalias cromossómicas contribuem para doenças humanas como o cancro e a infertilidade. A via HR parece, portanto, ser arriscada para as células, uma vez que pode levar a rearranjos genéticos. Por conseguinte, a reparação por NHEJ parece menos difícil, uma vez que pequenas deleções ou mutações não afectam geralmente a função das repetições em tandem de forma tão grave como os genes. No entanto, os estudos de Chiolo et al. mostraram que a HR repara a DSB na heterocromatina com um mecanismo diferente do da eucromatina.

A principal diferença entre os dois mecanismos é a expulsão do Rad51 conseguida pela protrusão da heterocromatina, facilitando o movimento das DSBs em direção à periferia da HP1 *a.* Este movimento de DSBs do interior para o exterior está dependente de proteínas de checkpoint como a ATR e proteínas de ressecção. A presença do complexo Smc5/6 na heterocromatina medeia a expulsão do Rad51, impedindo assim a recombinação anómala. A estabilidade do genoma é mantida por múltiplos mecanismos de reparação do ADN em DSBs na heterocromatina. São necessários mais estudos para obter uma visão mais alargada dos processos de expansão da heterocromatina induzida por danos no ADN e da reunião da região heterocromática reparada.

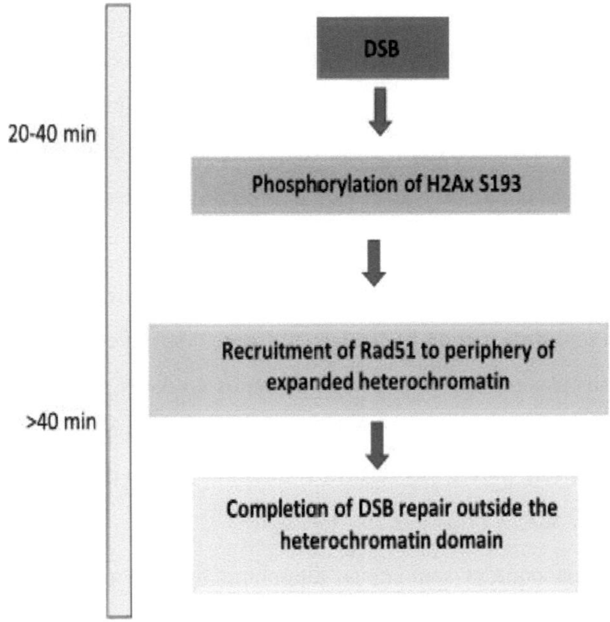

DNA damage response in heterochromatin

2. PAPEL DA REMODELAÇÃO DA CROMATINA NO ENVELHECIMENTO

O envelhecimento é um processo não programado de acumulação de fenómenos deletérios como a senescência celular e o aumento da disfunção celular. Os danos no ADN e os defeitos da cromatina têm uma contribuição significativa no envelhecimento humano.

De facto, as características distintivas do envelhecimento incluem a alteração global da estrutura da cromatina, a rutura da estrutura da heterocromatina e a perda de proteínas da heterocromatina. O padrão aberrante das modificações das histonas, por exemplo, a diminuição da H3K9me3, é observado tanto no envelhecimento fisiológico como no envelhecimento prematuro. Durante o envelhecimento da Drosophila, a perda de heterocromatina resulta numa transcrição elevada do ADN ribossómico. Este locus de rDNA contém genes ribossómicos excedentários, dos quais apenas 10% são transcritos.

A transcrição do ARN ribossómico é um passo limitador da taxa de síntese proteica, o que sugere que uma maior transcrição de ARN promoveria um maior crescimento e aceleraria o envelhecimento. Além disso, a perda de silenciamento de repetições heterocromáticas pode afetar os padrões de expressão dos genes e, por conseguinte, afetar a integridade do transcriptoma.

Outra caraterística do envelhecimento humano são os danos contínuos no ADN, o que é evidente pelo facto de a maior parte das síndromes de envelhecimento prematuro humano serem causadas por diferentes tipos de danos no ADN, em particular as DSB. Como já foi referido, os defeitos da cromatina tornam a célula mais suscetível a danos no ADN, o que contribui para o envelhecimento humano. Isto pode acontecer de duas formas:

1) A heterocromatina contém sequências altamente repetitivas. Devido à perda de condensação da cromatina, pode ocorrer uma recombinação aberrante dessas sequências, o que pode levar a um rearranjo do genoma;

2) A conformação da heterocromatina protege o ADN de várias tensões e pode reparar a lesão danificada através de mecanismos específicos.

O NURD, que é um complexo proteico envolvido no estabelecimento da heterocromatina, é um regulador chave nos defeitos da cromatina associados ao envelhecimento. A anulação de uma subunidade do complexo NURD resulta numa estrutura anormal da cromatina (indicada pela perda de focos de H3K9me3) cerca de 50 horas antes da estrutura por danos no ADN (indicada pela presença de focos de γH2AX). Esta observação implica que as alterações epigenéticas e da estrutura da cromatina se situam a montante dos eventos de danos no ADN.

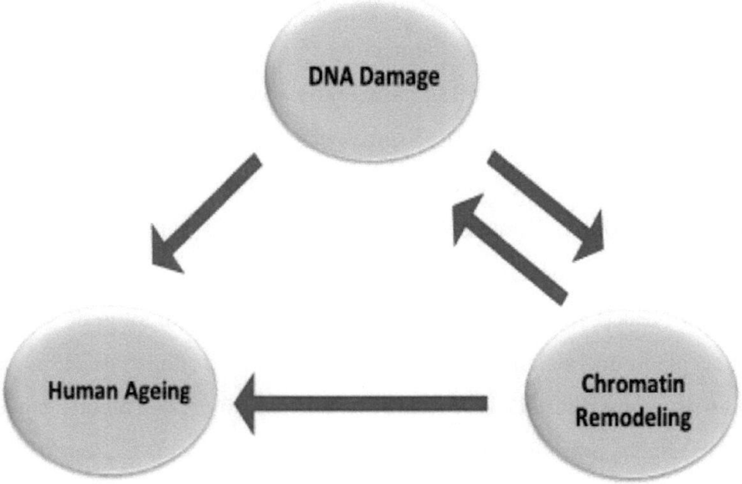

Interplay between DNA damage, chromatin remodeling and human ageing

3. PAPEL DA REMODELAÇÃO DA CROMATINA NA REGULAÇÃO DA EXPRESSÃO DE GENES INFLAMATÓRIOS

A resposta inflamatória é um mecanismo de defesa altamente coordenado e robusto desenvolvido em organismos superiores para se protegerem de infecções. Envolve uma regulação rigorosa da expressão de múltiplos genes inflamatórios nas células imunitárias, incluindo os macrófagos. Tem-se tornado cada vez mais evidente que as alterações da estrutura da cromatina orquestradas por modificações das histonas e por complexos de remodelação da cromatina dependentes de ATP desempenham um papel vital no controlo dos genes da resposta inflamatória.

3.1. Modificação da cromatina induzida por LPS

O LPS, uma grande molécula de lipopolissacárido, é um componente importante da membrana externa das bactérias gram-negativas e é considerado um dos agonistas mais bem caracterizados da resposta inflamatória do hospedeiro. O LPS é reconhecido pelo recetor 4 do tipo Toll (TLR4), o que leva à ativação das vias de sinalização a jusante, incluindo as cascatas de sinalização NF-κB, MAPK e do fator regulador do interferão

(IRF), acabando por induzir a transcrição de citocinas pró-inflamatórias, como a interleucina-6 (IL-6), a IL-12 e o fator de necrose tumoral (TNF). Verificou-se que a remodelação dos nucleossomas contribui para a rápida indução da subunidade p40 da IL-12 (IL-12p40). Após a ativação por LPS, um nucleossoma posicionado, que abrange o promotor do gene IL-12p40, é imediata e seletivamente reposicionado antes do início do processo de transcrição. Também foi bem demonstrado que a remodelação do nucleossoma por LPS depende da sinalização TLR4, mas é independente de c-Rel (uma das subunidades NF-κB importantes para a transcrição do promotor de Il-12p40). Também foi revelado que a estimulação por LPS leva à fosforilação de H3 na serina 10 (H3S10) no promotor de IL-12p40, bem como nos promotores de alguns genes pró-inflamatórios mediados por NF-KB, como o ligando de quimiocina CC 2 (CCL2), IL-6 e IL-8, mas não TNF-α, CCL3 e MIP-1α. Este evento de fosforilação depende da estimulação da via de sinalização p38 MAPK pelo LPS. A fosforilação da H3S10 pela via de sinalização p38 MAPK facilita o afrouxamento da cromatina em promotores selectivos, aumentando assim a acessibilidade ao NF -κB e permitindo a ocorrência da transcrição.

3.2 Modificação do processo de remodelação da cromatina do hospedeiro pelas bactérias para promover a infeção

Os agentes patogénicos intracelulares, como *a Listeria monocytogenes, a Helicobacter pylori e a Shigella flexneri,* responsáveis por uma série de doenças, desenvolveram mecanismos bem definidos para afetar a expressão do gene de defesa do hospedeiro.

a) Listeria monocytogenes, uma bactéria gram-negativa responsável por causar listeriose, utiliza dois mecanismos melhor caracterizados durante o curso da infeção.

1. Nas células endoteliais, induz a fosforilação na serina 10 e a acetilação na lisina 14 de H3 e a acetilação na lisina 8 de H4 no promotor do gene IL-8, mas não no promotor do gene Interferão-γ (IFN-γ), através da ativação da via p38 e ERK MAPK.

2. Em segundo lugar, a L. monocytogenes induz uma desfosforilação dramática da H3 na serina 10 (H3S10) e a desacetilação da H4 durante o curso inicial da infeção, subvertendo assim a resposta imunitária através de um mecanismo semelhante.

b) A Shigella flexneri, um agente patogénico intestinal humano, é o agente causador da disenteria ao invadir o epitélio do cólon e é responsável por mais de um milhão de mortes por ano. A infeção por S. flexneri anula a fosforilação de H3S10 nos promotores de um subconjunto distinto de genes, como IL-8 e CCL-20. O mecanismo latente é que S. flexneri segrega OspF, uma proteína efectora de tipo III, que desfosforila seletivamente ERK e p38 MAPKs, bloqueando a fosforilação de H3S10 dependente de MAPK. Isto torna os sítios promotores inacessíveis ao NF-κB, diminuindo assim a expressão de certos genes que respondem ao NF-κB, incluindo a IL8.

c) A Helicobacter pylori, uma bactéria gram-negativa, coloniza a mucosa gástrica humana, provocando gastrite aguda, úlceras pépticas e tumores gástricos malignos. Os factores de virulência da H. pylori têm sido implicados como tendo um papel vital no desenvolvimento da inflamação e na resposta imunitária defeituosa do hospedeiro. Por exemplo, no macrófago do rato, a H. pylori peptidyl prolyl cis-, trans-isomerase (HP0175) induz a fosforilação H3S10 no promotor da IL-6, aumentando assim a transcrição do gene IL-6 e a expressão da proteína. A transcrição do gene IL-6 induzida por HP0175 depende da ativação de ERK e p38 MAPKs mediada por TLR4, que subsequentemente estimula a proteína quinase 1 activada por mitogénio e stress (MSK1), uma serina quinase que fosforila H3S10. Isto resulta no recrutamento de NF-κB para o promotor de IL-6 e na subsequente ativação da transcrição do gene. Além disso, nas células epiteliais gástricas, a infeção por H. pylori também leva à desfosforilação de H3S10 e à desacetilação de H3K23 de uma forma dependente do tempo e da dose.

4. PAPEL DA REMODELAÇÃO DA CROMATINA NA INDUÇÃO DE IFN- Y

RESPOSTA TRANSCRICIONAL

O IFN-Γ, uma citocina solúvel, é uma importante molécula imunomoduladora que é produzida principalmente por células T e células assassinas naturais. O IFN-γ induz a expressão do complexo principal de histocompatibilidade de classe II (MHC-II) na superfície celular, que apresenta antigénios às células T CD4+, desempenhando assim um papel vital na resposta imunitária normal.

Foi encontrada uma forte ligação entre a ativação de genes responsivos ao IFN-γ, como o HLA-DR e o CIITA, e a remodelação da cromatina, mediada pelo complexo de remodelação da cromatina dependente de ATP / enzimas modificadoras da histona. Especula-se também que o complexo SWI/SNF coopera com enzimas modificadoras da histona para regular a transcrição de genes, particularmente os induzidos pelo IFN-γ. Após a indução por IFN-γ, o complexo SWI/SNF e a proteína de ligação a CREB (CBP), uma histona acetiltransferase e co-ativador transcricional, são recrutados para o promotor de CIITA, levando à ativação transcricional de CIITA. O CIITA está associado a extensas modificações de acetilação de H3 e H4 no promotor do MHC-II.

A transactivação instigada pelo IFN-γ da CIITA e a expressão do MHC-II são anuladas pelo complexo corepressor HDACs/mSin3A e reforçadas pelo TSA, um inibidor comum da HDAC. A CIITA apresenta uma forte interação com a HDAC1 e uma fraca interação com a HDAC2. A CIITA pode assim atuar como um modulador para sincronizar as funções do complexo de remodelação da cromatina, HATs e HDACs.

Referências

1. Greer, E. L. & Shi, Y. Histone methylation: a dynamic mark in health, disease and inheritance. Nat. Rev. Genet. 13, 343-57 (2012).

2. Roth, S. Y., Denu, J. M. & Allis, C. D. Histone acetyltransferases. Annu. Rev. Biochem. 70, 81-120 (2001).

3. Nowak, S. J. & Corces, V. G. Phosphorylation of histone H3: Um ato de equilíbrio entre a condensação cromossómica e a ativação transcricional. Trends Genet. 20, 214-220 (2004).

4. Rossetto, D., Avvakumov, N. & Côté, J. Histone phosphorylation: Uma modificação da cromatina envolvida em diversos eventos nucleares. Epigenetics 7, 1098-1108 (2012).

5. Banerjee, T. & Chakravarti, D. A Peek into the Complex Realm of Histone Phosphorylation. Mol. Cell. Biol. 31, 4858-4873 (2011).

6. Kschonsak, M. & Haering, C. H. Shaping mitotic chromosomes: Dos conceitos clássicos aos mecanismos moleculares. BioEssays 755-766 (2015).

7. Lowndes, N. F. & Toh, G. W.-L. DNA repair: the importance of phosphorylating histone H2AX. Curr. Biol. 15, R99-R102 (2005).

8. Pinto, D. M. S. & Flaus, A. Estrutura e função da histona H2AX. Subcell. Biochem. 50, 55-78 (2010).

9. Füllgrabe, J., Hajji, N. & Joseph, B. Cracking the death code: apoptosis-related histone modifications. Cell Death Differ. 17, 1238-1243 (2010).

10.Cao, J. & Yan, Q. Histone ubiquitination and deubiquitination in transcription, DNA damage response, and cancer. Front. Oncol. 2, 26 (2012).

11.Fisch le W, Tseng BS, Dormann HL, et al. Regulation of HP1-chromatin binding by histone H3 methylation and phosphorylation. Nature. 2005;438:1116-1122. [PubMed]

12.Vermeulen M, Eberl HC, Matarese F, et al. Quantitative interaction proteomics and genome-wide profiling of epigenetic histone marks and their readers (Proteómica de interação quantitativa e perfil genómico de marcas epigenéticas de histonas e seus leitores). Cell. 2010;142:967-980. [PubMed]

13.Bartke T, Vermeulen M, Xhemalce B, Robson SC, Mann M, Kouzarides T. Nucleosome-interacting proteins regulated by DNA and histone methylation. Cell. 2010;143:470-484. [PMC free. article][PubMed]

14.Filion GJ, van Bemmel JG, Braunschweig U, et al. Systematic protein location mapping reveals five main chromatin types in *Drosophila* cells. Cell. 2010;143:212-224. [PMC free article] [PubMed]

15.Ong CT, Corces VG. Isoladores como mediadores de interacções intra e inter-cromossómicas: um tema evolutivo comum. J Biol. 2009;8:73. [PMC free article] [PubMed]

16.Barski A, Cuddapah S, Cui K, et al. High-resolution profiling of histone methylations in the human genome. Cell. 2007;129:823-837. [PubMed]

17.Trojer P, Reinberg D. Facultative heterochromatin: is there a distinctive molecular signature. Mol Cell. 2007;28:1-13. [PubMed]

18.Hansen KH, Bracken AP, Pasini D, et al. Um modelo para a transmissão da marca epigenética H3K27me3. Nat Cell Biol. 2008;10:1291-1300. [PubMed]

19.Hon GC, Hawkins RD, Ren B. Predictive chromatin signatures in the mammalian genome (Assinaturas preditivas da cromatina no genoma dos mamíferos). Hum Mol Genet. 2009;18:R195-201. [PMC free article] [PubMed]

20.Schneider R, Bannister AJ, Myers FA, Thorne AW, Crane-Robinson C, Kouzarides T. Histone H3 lysine 4 methylation patterns in higher eukaryotic genes. Nat Cell Biol. 2004;6:73-77. [PubMed]

21.Arents G, Burlingame RW, Wang BC, Love WE, Moudrianakis EN. 1991. O octâmero de histona do núcleo nucleossómico com resolução de 3,1 Â: um conjunto de proteínas tripartido e uma super-hélice canhota. Proc. Natl. Acad. Sci. USA 88:10148-52

22.Arents G, Moudrianakis EN. 1993. Topografia da superfície do octâmero de histonas: repetição de motivos estruturais utilizados no acoplamento do ADN nucleossómico. Proc. Natl. Acad. Sci. USA 90:1048993

23.Dong F, van Holde KE. 1991. O posicionamento dos nucleossomas é determinado pelo tetrâmero (H3-H4)2. Proc. Natl. Acad. Sci. USA 88:10596-600

24.Eickbush TH, Moudrianakis EN. 1978. The histone core complex: an octamer assembled by two sets of protein-protein interactions.Biochemistry 17:4955-64

25.Hayes JJ, Bashkin J, Tullius TD, Wolffe AP. 1991. O núcleo da histona exerce uma restrição dominante sobre a estrutura do ADN num nucleossoma.Bioquímica 30:8434-40

26.Hayes JJ, Clark DJ, Wolffe AP. 1991. Contribuições das histonas para a estrutura do ADN no nucleossoma. Proc. Natl. Acad. Sci. USA 88:6829-33

27.Hayes JJ, Tullius TD, Wolffe AP. 1990. A estrutura do DNA em um nucleossomo. Proc. Natl. Acad. Sci. USA 87:7405-9

28.Karantza V, Baxevanis AD, Freire E, Moudrianakis EN. 1995. Estudos termodinâmicos das histonas centrais: força iónica e dependência do pH da estabilidade do dímero H2A-H2B. Bioquímica 34:5988-96

29.Klug A, Rhodes D, Smith J, Finch JT, Thomas JO. 1980. Uma estrutura de baixa resolução para o núcleo de histonas do nucleossoma. Natureza287:509-16

30.Moudrianakis EN, Arents G. 1993. Estrutura do núcleo do octâmero de histonas do nucleossoma e suas potenciais interacções com o ADN. Cold Spring Harbor Symp. Quant. Biol. 58:273-79

31.Musgrave DR, Sandman KM, Reeve JN. 1991. A ligação do DNA pela histona arqueana HMf resulta em superenrolamento positivo. Proc. Natl. Acad. Sci. USA 88:10397-401

32.Richmond TJ, Finch JT, Rushton B, Rhodes D, Klug A. 1984. Estrutura da partícula do núcleo do nucleossoma com uma resolução de 7 Â. Natureza 311:532-37

33.Richmond TJ, Rechsteiner T, Luger K. 1993. Estudos da estrutura dos nucleossomas. Cold Spring Harbor Symp. Quant. Biol. 58:265-72

34.Shick VV, Belyavsky AV, Bavykin SG, Mirzabekov AD. 1980. Organização primária das partículas do núcleo do nucleossoma. Disposição sequencial das histonas ao longo do ADN. J. Mol. Biol. 139:491517

35.Starich MR, Sandman K, Reeve JN, Summers MF. 1996. A estrutura NMR de HMfB do hipertermófilo Methanothermus fervidus confirma que esta proteína arqueana é uma histona. J. Mol. Biol. 255:187-203

36.van Holde KE. 1989. Chromatin.New York: Springer-Verlag

37.Xie X, Kokubo T, Cohen SL, Mirza UA, Hoffmann A, et al. 1996. Similaridade estrutural entre TAFs e o núcleo heterotetramérico do octâmero de histonas. Nature 380:316-221.

38.Luger K, Mader AW, Richmond RK, Sargent DF, Richmond TJ. Estrutura cristalina da partícula central do nucleossoma com resolução de 2,8 Â. Nature. 1997;389(6648):251-260. [PubMed]

39.Davey CA, Sargent DF, Luger K, Maeder AW, Richmond TJ. Interacções mediadas por solvente na estrutura da partícula do núcleo do nucleossoma com uma resolução de 1,9 Â. J Mol Biol. 2002 ;319(5):1097-1113.[PubMed]

40.Dorigo B, Schalch T, Kulangara A, et al. Nucleosome arrays reveal the two-start organization of the chromatin fiber. Science. 2004;306(5701):1571-1573. [PubMed]

41.van Holde KE. Chromatin. Springer-Verlag; Londres, Reino Unido: 1988. Capítulo 7: Estrutura de ordem superior; pp. 317-354.

42.Francis NJ, Kingston RE, Woodcock CL. Compactação da cromatina por um complexo de proteínas do grupo polycomb. Science. 2004;306(5701):1574-1577. [PubMed]

43.Meneghini MD, Wu M, Madhani HD. A variante conservada da histona H2AZ protege a eucromatina da disseminação ectópica da heterocromatina silenciosa. Cell. 2003;112(5):725-736. [PubMed]Chadwick BP,

Willard HF. Uma nova proteína de cromatina, distantemente relacionada com a histona H2A

44.é largamente excluído do cromossoma X inativo. J Cell Biol. 2001;152(2):375-384. [PMC artigo livre][PubMed]

45.Bao Y, Konesky K, Park YJ, et al. Os nucleossomas que contêm a variante da histona H2A Bbd organizam apenas 118 pares de bases de ADN. EMBOJ. 2004;23(16):3314-3324. [PMC free article] [PubMed]

46.Gautier T, Abbott DW, Molla A, et al. A variante da histona H2ABbd confere menor estabilidade ao nucleossoma. EMBO J. 2004;5(7):715-720. [PMC free article] [PubMed]

47.Costanzi C, Stein P, Worrad DM, Schultz RM, Pehrson JR. Histone macroH2A1 is concentrated in the inactive X chromosome of female preimplantation mouse embryos. Development. 2000; 127(11):2283-2289. [PubMed]

48.Ladurner AG. Inativar os cromossomas: um macro domínio que minimiza a transcrição. Mol Cell. 2003;12(1):1-3. [PubMed]

49.Angelov D, Molla A, Perche PY, et al. A variante da histona macroH2A interfere com a ligação do fator de transcrição e a remodelação do nucleossoma SWI/SNF. Mol Cell. 2003;11(4):1033-1041. [PubMed]

50.Rogakou EP, Pilch DR, Orr AH, Ivanova VS, Bonner WM. As quebras de cadeia dupla de ADN induzem a fosforilação da histona H2AX na serina 139. J Biol Chem. 1998;273(10):5858-5868. [PubMed]

51.Celeste A, Femandez-Capetillo O, Kruhlak MJ, et al. A fosforilação da histona H2AX é dispensável para o reconhecimento inicial das quebras de ADN. Nature Cell Biol. 2003;5(7):675-679. [PubMed]

52.Thiriet C, Hayes JJ. Chromatin in need of a fix: phosphorylation of H2AX connects chromatin to DNA repair. Mol Cell. 2005;18(6):617-622. [PubMed]

53.Strickland M, Strickland WN, Brandt WF, Von Holt C. A sequência completa de aminoácidos da histona H2B(1) do esperma do ouriço-do-mar Parechinus angulosus. Eur J Biochem. 1977;77(2):263-275.[PubMed]

54.Lieber T, Weisser K, Childs G. Analysis of histone gene expression in adult tissues of the sea urchins Strongylocentrotus purpuratus and Lytechinus pictus. tissue-specific expression of sperm histone genes. Mol Cell Biol. 1986;6(7):2602-2612. [PMC free article] [PubMed]

55.Ueda K, Kinoshita Y, Xu ZJ, et al. Unusual core histones specifically expressed in male gametic cells of Lilium longiflorum. Chromosoma. 2000;108(8):491-500. [PubMed]

56.Aul RB, Oko RJ. O principal ocupante subacrossomal dos espermatozóides de touro é uma nova histona H2B. Dev Biol. 2002;242(2):376-387. [PubMed]

57.Zalensky AO, Siino JS, Gineitis AA, et al. Histona H2B específica do testículo/espermatozoide humano (hTSH2B). Clonagem e caraterização molecular. J Biol Chem. 2002;277(45):43474-43480. [PubMed]

58.Ahmad K, Henikoff S. The histone variant H3.3 marks active chromatin by replication-independent nucleosome assembly. Mol Cell. 2002;9(6):1191-1200. [PubMed]

59.Witt O, Albig W, Doenecke D. Testis-specific expression of a novel human H3 histone gene. Exp Cell Res. 1996;229(2):301-306. [PubMed]

60.Albig W, Ebentheuer J, Klobeck G, Kunz J, Doenecke D. Um gene solitário da histona H3 humana no cromossoma 1. Hum Genet. 1996;97(4):486-491. [PubMed]

61.Akhmanova A, Miedema K, Hennig W. Identification and characterization of the Drosophila histone H4 replacement gene. FEBS Lett. 1996;388(2-3):219-222. [PubMed]

62.Whitlock JP, Simpson RT. A remoção da histona H1 expõe um segmento de ADN de cinquenta pares de bases entre os nucleossomas. Biochemistry. 1976;15:3307-3314. [PubMed]

63.Simpson RT. Estrutura do cromatossoma, uma partícula de cromatina que contém 160 pares de bases de ADN e todas as histonas. Biochemistry. 1978;17:5524-5531. [PubMed]

64.Allan J, Hartman PG, Crane-Robinson C, Aviles FX. A estrutura da histona H1 e a sua localização na cromatina. Nature. 1980;288:675-679. [PubMed] Syed SH, Goutte-Gattat D, Becker N, Meyer S, Shukla MS, Hayes JJ, Everaers R, Angelov D, Bednar J, Dimitrov S. Single-base resolution mapping of H1-nucleosome interactions and 3D organization of the nucleosome. Proc. Natl Acad. Sci. USA. 2010;107:9620-9625. [PMC artigo gratuito] [PubMed

65.Meyer S, Becker NB, Syed SH, Goutte-Gattat D, Shukla MS, Hayes JJ, Angelov D, Bednar J, Dimitrov S, Everaers R. De estruturas de cristal e RMN, pegadas e crioeletronmicrografias a estruturas grandes e macias: modelagem em nanoescala da haste nucleossômica. Nucleic Acids Res. 2011;39:9139-9154[PMC free article] [PubMed]

66.Kornberg RD. Chromatin structure: a repeating unit of histones and DNA (Estrutura da cromatina: uma unidade repetitiva de histonas e ADN). Science.

67.1974 May 24;184(4139):868-71

68.Polo SE, Jackson SP. Dynamics of DNA damage response proteins at DNA breaks: a focus on protein modifications. Genes Dev. 2011 Mar 1;25(5):409-33.

69.Lukas J, Lukas C, Bartek J. More than just a focus: A resposta da cromatina aos danos no ADN e o seu papel na manutenção da integridade do genoma. Nat Cell Biol. 2011 Oct;13(10): 1161-9.

70.Gellert M. Recombinação V(D)J: Proteínas RAG, factores de reparação e regulação. Annu Rev Biochem. 2002;71:101-32.

71.Jackson SP, Bartek J. The DNA-damage response in human biology and disease (A resposta aos danos no ADN na biologia e na doença humana). Nature.2009 Oct 22;461(7267):1071-8.

72.Friedberg EC. Nucleotide excision repair of DNA: The very early history. DNA Repair.2011 Jul 15;10(7):668-72.

73.Symington LS, Gautier J. Double-strand break end resection and repair pathway choice. Annu Rev Genet. 2011;45:247-71.

74.Lieber MR. The mechanism of double-strand DNA break repair by the nonhomologous DNA endjoining pathway. Annu Rev Biochem. 2010;79:181-211.

75.Weterings E, Chen DJ. The endless tale of non-homologous end-joining. Cell Res.2008 Jan;18(1):114-24.

76.Jeggo PA. Quebra e reparação do ADN. Adv Genet. 1998;38:185-218.

77.Haber JE. Partners and pathwaysrepairing a double-strand break. Trends Genet. 2000 Jun;16(6):259-64.

78.Baumann P, West SC. Role of the human RAD51 protein in homologous recombination and double-stranded-break repair. Trends Biochem Sci. 1998 Jul;23(7):247-51.

79.Gasior SL, Wong AK, Kora Y, Shinohara A, Bishop DK. Rad52 associa-se a RPA e funciona com rad55 e rad57 para montar complexos de recombinação meiótica.Genes Dev. 1998 Jul 15;12(14):2208-21.

80.Sugawara N, Wang X, Haber JE. In vivo roles of Rad52, Rad54, and Rad55 proteins in Rad51- mediated recombination. Mol Cell. 2003 Jul;12(1):209-19.

81.Rass E, Grabarz A, Plo I, Gautier J, Bertrand P, Lopez BS. Role of Mre11 in chromosomal nonhomologous end joining in mammalian cells. Nat Struct Mol Biol. 2009 Aug;16(8):819-24.

82.Rogakou EP, Pilch DR, Orr AH, Ivanova VS, Bonner WM. As quebras de cadeia dupla de ADN induzem a fosforilação da histona H2AX na serina 139. J Biol Chem. 1998 Mar6;273(10):5858-68.

83.O'Hagan HM, Mohammad HP, Baylin SB. As quebras de cadeia dupla podem iniciar o silenciamento de genes e o início da metilação do ADN dependente de SIRT1 numa ilha CpG promotora exógena. PLoS Genet. 2008;4(8):e1000155.

84.Cuozzo C, Porcellini A, Angrisano T, Morano A, Lee B, Di Pardo A, et al. DNA damage, homology- directed repair, and DNA methylation. PLoS Genet. 2007 Jul;3(7):e110.

85.Harper JW, Elledge SJ. The DNA damage response: ten years after. Mol Cell. 2007 Dec 14;28(5):739-45.

86.Xiao A, Li H, Shechter D, Ahn SH, Fabrizio LA, Erdjument-Bromage H, et al. A WSTF regula a resposta a danos no ADN H2A.X através de uma nova atividade de tirosina quinase. Nature.2009 Jan 1;457(7225):57-62.

87.Cook PJ, Ju BG, Telese F, Wang X, Glass CK, Rosenfeld MG. Tyrosine dephosphorylation of H2AX modulates apoptosis and survival decisions. Nature. 2009 Apr 2;458(7238):591-6.

88.Singh N, Basnet H, Wiltshire TD, Mohammad DH, Thompson JR, Heroux A, et al.Dual recognition of phosphoserine and phosphotyrosine in histone variant H2A.X by DNA damage response protein MCPH1. Proc Natl Acad Sci U S A. 2012 Sep 4;109(36):14381-6.

89.Langelier MF, Planck JL, Roy S, Pascal JM. Structural basis for DNA damage-dependent poly(ADP-ribosyl)ation by human PARP-1. Science. 2012 May 11;336(6082):728-32.

90.Messner S, Altmeyer M, Zhao H, Pozivil A, Roschitzki B, Gehrig P, et al. PARP1 ADP-ribosylates lysine residues of the core histone tails. Nucleic Acids Res. 2010 Oct;38(19):6350-62.

91.Mortusewicz O, Ame JC, Schreiber V, Leonhardt H. A poli(ADPribosil)ation regulada por feedback pela PARP-1 é necessária para uma resposta rápida a danos no ADN em células vivas. Nucleic Acids Res. 2007;35(22):7665-75.

92.Chou DM, Adamson B, Dephoure NE, Tan X, Nottke AC, Hurov KE, et al. A chromatin localization screen reveals poly (ADP ribose)-regulated recruitment of the repressive polycomb and NuRD complexes to sites of DNA damage. Proc Natl Acad Sci US A. 2010 Oct 26;107(43):18475-80.

93.Wilkinson KA, Henley JM. Mechanisms, regulation and consequences of protein SUMOylation (Mecanismos, regulação e consequências da SUMOilação de proteínas). Biochem J. 2010 Jun 1;428(2):133-45

94.Galanty Y, Belotserkovskaya R, Coates J, Polo S, Miller KM, Jackson SP. As ligases SUMO E3 de mamíferos PIAS1 e PIAS4 promovem respostas a quebras de fita dupla de ADN. Nature. 2009 Dec 17;462(7275):935-9.

95.Morris JR, Boutell C, Keppler M, Densham R, Weekes D, Alamshah A, et al. A via de modificação SUMO está envolvida na resposta de BRCA1 ao stress genotóxico.Nature. 2009 Dec 17;462(7275):886-90.

96.Galanty Y, Belotserkovskaya R, Coates J, Jackson SP. RNF4, uma ubiquitina E3 ligase direccionada para o SUMO, promove a reparação da quebra da cadeia dupla de ADN. Genes Dev. 2012 Jun1;26(11):1179-95.

97.Yin Y, Seifert A, Chua JS, Maure JF, Golebiowski F, Hay RT. A ubiquitina E3 ligase RNF4 direcionada ao SUMO é necessária para a resposta das células humanas aos danos ao DNA.Genes Dev. 2012 Jun 1;26(11):1196-208.

98.Dou H, Huang C, Singh M, Carpenter PB, Yeh ET. Regulação da reparação do ADN através da deSUMOilação e SUMOilação do complexo da proteína A de replicação. Mol Cell. 2010 Aug 13;39(3):333-45.

99.Cremona CA, Sarangi P, Yang Y, Hang LE, Rahman S, Zhao X. A sumoilação extensiva induzida por danos no ADN contribui para a replicação e reparação e actua para além do ponto de controlo mec1. Mol Cell. 2012 Feb 10;45(3):422-32.

100. Huisinga KL, Brower-Toland B, Elgin SC. As definições contraditórias da heterocromatina: transcrição e silenciamento. Chromosoma. 2006 Apr;115(2):110-22.

101. Cheutin T, McNairn AJ, Jenuwein T, Gilbert DM, Singh PB, Misteli T. Maintenance of stable heterochromatin domains by dynamic HP1 binding. Science. 2003 Jan31;299(5607):721-5.

102. Grewal SI, Jia S. Heterochromatin revisited. Nat Rev Genet. 2007 Jan;8(1):35-46.

103. Peng JC, Karpen GH. A estabilidade do genoma heterocromático requer reguladores da metilação da histona H3 K9. PLoS Genet. 2009 Mar;5(3):e1000435.

104. Yamada T, Fischle W, Sugiyama T, Allis CD, Grewal SI. The nucleation and maintenance of heterochromatin by a histone deacetylase in fission yeast. Mol Cell. 2005 Oct 28;20(2):173-85.

105. Motamedi MR, Verdel A, Colmenares SU, Gerber SA, Gygi SP, Moazed D. Two RNAi complexes, RITS

and RDRC, physically interact and localize to noncoding centromeric RNAs. Cell. 2004 Dec 17;119(6):789-802.

106. Sugiyama T, Cam H, Verdel A, Moazed D, Grewal SI. A RNA polimerase dependente de RNA é um componente essencial de um laço de auto-reforço que liga a montagem da heterocromatina à produção de siRNA. Proc Natl Acad Sci U S A. 2005 Jan 4;102(1):152-7.

107. Cam HP, Sugiyama T, Chen ES, Chen X, FitzGerald PC, Grewal SI. Comprehensive analysis of heterochromatin- and RNAi-mediated epigenetic control of the fission yeast genome (Análise abrangente do controlo epigenético mediado por heterocromatina e RNAi do genoma da levedura de fissão). Nat Genet. 2005 Aug;37(8):809-19.

108. Muchardt C, Guilleme M, Seeler JS, Trouche D, Dejean A, Yaniv M. A ligação coordenada de metilo e ARN é necessária para a localização da heterocromatina da HP1alpha de mamíferos. EMBO Rep. 2002 Oct;3(10):975-81.

109. Keller C, Adaixo R, Stunnenberg R, Woolcock KJ, Hiller S, Buhler M. HP1 (Swi6) medeia o reconhecimento e a destruição de transcrições de RNA heterocromático. Mol Cell.2012 Jul 27;47(2):215- 27.

110. Cowell IG, Sunter NJ, Singh PB, Austin CA, Durkacz BW, Tilby MJ. Os focos de gammaH2AX formam-se preferencialmente na eucromatina após radiação ionizante. PLoS One. 2007;2(10):e1057.

111. Vasireddy RS, Karagiannis TC, El-Osta A. A formação de gammaH2AX induzida por radiação gama ocorre preferencialmente em loci eucromáticos de transcrição ativa. Cell Mol Life Sci. 2010 Jan;67(2):291-4.

112. Cann KL, Dellaire G. Heterochromatin and the DNA damage response: the need to relax. Biochem Cell Biol. 2011 Feb;89(1):45-60.

113. Kruhlak MJ, Celeste A, Dellaire G, Fernandez-Capetillo O, Muller WG, McNally JG,et al. Changes in chromatin structure and mobility in living cells at sites of DNA double-strand breaks. J Cell Biol.

2005 Mar 13;172(6):823-34.

114. Falk M, Lukasova E, Gabrielova B, Ondrej V, Kozubek S. Chromatin dynamics duringnDSB repair. Biochim Biophys Ata. 2007 Oct;1773(10):1534-45.

115. Falk M, Lukasova E, Kozubek S. Chromatin structure influences the sensitivity of DNA to gammaradiation. Biochim Biophys Ata. 2008 Dec;1783(12):2398-414.

116. Chiolo I, Minoda A, Colmenares SU, Polyzos A, Costes SV, Karpen GH. As quebras de cadeia dupla na heterocromatina movem-se para fora de um domínio HP1a dinâmico para completar a reparação recombinacional. Cell. 2011 Mar 4;144(5):732-44.

117. Goodarzi AA, Noon AT, Deckbar D, Ziv Y, Shiloh Y, Lobrich M, et al. A sinalização ATM facilita a reparação de quebras de cadeia dupla de ADN associadas à heterocromatina. Mol Cell. 2008 Jul 25;31(2):167-77.

118. Noon AT, Shibata A, Rief N, Lobrich M, Stewart GS, Jeggo PA, et al. 53BP1-dependent robust localized KAP-1 phosphorylation is essential for heterochromatic DNA double-strand break repair. Nat Cell Biol. 2010 Feb;12(2):177-84.

119. Lechner MS, Begg GE, Speicher DW, Rauscher FJ, 3º. Molecular determinants for targeting heterochromatin protein 1-mediated gene silencing: direct chromoshadow domain-KAP-1 corepressor interaction is essential. Mol Cell Biol. 2000 Sep;20(17):6449-65.

120. Schultz DC, Friedman JR, Rauscher FJ, 3º. Targeting histone deacetylase complexes via KRAB-zinc finger proteins: the PHD and bromodomains of KAP-1 form a cooperative unit that recruits a novel isoform of the Mi-2alpha subunit of NuRD. Genes Dev. 2001 Feb 15;15(4):428-43.

121. Pearson CE, Nichol Edamura K, Cleary JD. Repeat instability: mechanisms of dynamic mutations (Instabilidade de repetição: mecanismos de mutações dinâmicas). Nat Rev Genet. 2005 Oct;6(10):729-42.

122. Torres-Rosell J, Sunjevaric I, De Piccoli G, Sacher M, Eckert-Boulet N, Reid R, et al. O complexo Smc5-Smc6 e a modificação SUMO de Rad52 regulam a reparação recombinacional no locus do gene ribossómico. Nat Cell Biol. 2007 Aug;9(8):923-31.

123. Peterson CL. The ins and outs of heterochromatic DNA repair. Dev Cell. 2011 Mar 15;20(3):285-7.

124. Kudlow BA, Kennedy BK, Monnat RJ, Jr. Werner and Hutchinson-Gilford progeria syndromes: mechanistic basis of human progeroid diseases. Nat Rev Mol Cell Biol.2007 May;8(5):394-404.

125. De Sandre-Giovannoli A, Bernard R, Cau P, Navarro C, Amiel J, Boccaccio I, et al. Lamin a truncation in Hutchinson-Gilford progeria. Science. 2003 Jun 27;300(5628):2055.

126. Eriksson M, Brown WT, Gordon LB, Glynn MW, Singer J, Scott L, et al. Recurrent de novo point mutations in lamin A cause Hutchinson-Gilford progeria syndrome. Nature.2003 May 15;423(6937):293-8.

127. Scaffidi P, Misteli T. Lamin A-dependent nuclear defects in human aging (Defeitos nucleares dependentes da laminina A no envelhecimento humano). Science.(Apoio à Investigação, N.I.H., Intramural). 2006 May 19;312(5776):1059-63.

128. Pegoraro G, Misteli T. The central role of chromatin maintenance in aging (O papel central da manutenção da cromatina no envelhecimento). Aging(Albany NY). 2009 Dec;1(12):1017-22.

129. Swedlow J, Danuser G. Scale integration: the structure and dynamics of macromolecular assemblies, cells and tissues. Curr Opin Cell Biol. 2012 Feb;24(1):1-3.

130. Goldman RD, Shumaker DK, Erdos MR, Eriksson M, Goldman AE, Gordon LB, et al. Accumulation of mutant lamin A causes progressive changes in nuclear architecture in Hutchinson-Gilford progeria syndrome. Proc Natl Acad Sci U S A. 2004 Jun 15;101(24):8963-8.

131. Scaffidi P, Misteli T. Reversão do fenótipo celular na doença do envelhecimento prematuro síndrome de progeria de Hutchinson-Gilford. Nat Med. 2005 Apr;11(4):440-5.

132. Shumaker DK, Dechat T, Kohlmaier A, Adam SA, Bozovsky MR, Erdos MR, et al. Mutant nuclear lamin A leads to progressive alterations of epigenetic control in premature aging. Proc Natl Acad Sci U S A. 2006 Jun 6;103(23):8703-8.

133. Larson K, Yan SJ, Tsurumi A, Liu J, Zhou J, Gaur K, et al. Heterochromatin formation promotes longevity and represses ribosomal RNA synthesis. PLoS Genet. 2012 Jan;8(1):e1002473.

134. Hamilton B, Dong Y, Shindo M, Liu W, Odell I, Ruvkun G, et al. A systematic RNAi screen for longevity genes in C. elegans. Genes Dev. 2005 Jul 1;19(13):1544-55.

135. Han S, Brunet A. Histone methylation makes its mark on longevity. Trends Cell Biol.2012 Jan;22(1):42-9.

136. Eickbush DG, Ye J, Zhang X, Burke WD, Eickbush TH. Regulação epigenética de retrotransposons dentro do nucléolo de Drosophila. Mol Cell Biol. 2008 Oct;28(20):6452-61.

137. Arya G, Schlick T. 2006. Role of histone tails in chromatin folding revealed by a mesoscopic oligonucleosome model. Proc Natl Acad Sci 103: 16236-16241.

138. Bancaud A, Huet S, Daigle N, Mozziconacci J, Beaudouin J, Ellenberg J. 2009. A aglomeração molecular afecta a difusão e a ligação de proteínas nucleares na heterocromatina e revela a organização fractal da cromatina. EMBO J doi:10.1038/emboj.2009.340.

139. Bednar J, Horowitz RA, Grigoryev SA, Carruthers LM, Hansen JC, Koster AJ, Woodcock CL. 1998. Os nucleossomas, o ADN de ligação e a histona de ligação formam um motivo estrutural único que dirige a dobragem e a compactação de ordem superior da cromatina. Proc Natl Acad Sci 95: 14173-14178.

140. Belmont AS. 2006. Mitotic chromosome structure and condensation. Curr Opin Cell Biol 18: 632638.

141. Belmont AS, Bruce K. 1994. Visualização dos cromossomas G1: Um modelo de cromonema dobrado, torcido e superenrolado da estrutura da cromátide interfásica. J Cell Biol 127: 287-302.

142. Belmont AS, Braunfeld MB, Sedat JW, Agard DA. 1989. Domínios estruturais da cromatina em grande escala nos cromossomas mitóticos e interfásicos in vivo e in vitro. Chromosoma 98: 129-43.

143. Belmont AS, Li G, Sudlow G, Robinett C. 1999. Visualização da estrutura e dinâmica da cromatina em grande escala utilizando o sistema repórter do operador lac/repressor lac. Methods Cell Biol 58: 203-222.

144. Brown KE, Baxter J, Graf D, Merkenschlager M, Fisher AG. 1999. Dynamic repositioning of genes in the nucleus of lymphocytes preparing for cell division (Reposicionamento dinâmico de genes no núcleo de linfócitos que se preparam para a divisão celular). Mol Cell 3: 207-17.

145. Brown KE, Guest SS, Smale ST, Hahm K, Merkenschlager M, Fisher AG. 1997. Associação de genes silenciosos de transcrição com complexos Ikaros na heterocromatina centromérica. Célula 91: 845-54.

146. Buchberger JR, Onishi M, Li G, Seebacher J, Rudner AD, Gygi SP, Moazed D. 2008. Interacções Sir3-nucleossoma na propagação da cromatina silenciosa em Saccharomyces cerevisiae. Mol Cell Biol 28: 6903-6918.

147. Chambeyron S, Bickmore WA. 2004. Descondensação da cromatina e reorganização nuclear do locus HoxB após a indução da transcrição. Genes Dev 18: 1119-1130.

148. Chambeyron S, Da Silva NR, Lawson KA, Bickmore WA. 2005. Reorganização nuclear do complexo Hoxb durante o desenvolvimento embrionário do rato. Desenvolvimento 132: 2215-2223.

149. Chen M, Shen X. 2007. Actina nuclear e proteínas relacionadas com a actina na dinâmica proteica. Curr Opin Cell Biol 19: 326-330.

150. Chen D, Dundr M, Wang C, Leung A, Lamond A, Misteli T, Huang S. 2005. A cromatina mitótica condensada é acessível aos factores de transcrição e às proteínas estruturais da cromatina. J Cell Biol 168: 41-54.

151. Cremer T, Cremer C, Baumann H, Luedtke EK, Sperling K, Teuber V, Zorn C. 1982. O modelo de Rabl do arranjo cromossómico interfásico testado em células de hamster chinês por condensação prematura de cromossomas e experiências de micro-ondas laser-UV. Hum Genet 60: 46-56.

152. Chuang CH, Carpenter AE, Fuchsova B, Johnson T, de Lanerolle P, Belmont AS. 2006. Movimento direcional de longo alcance de um sítio cromossómico interfásico. Curr Biol 16: 825-31.

153. Chubb JR, Boyle S, Perry P, Bickmore WA. 2002. Chromatin motion is constrained by association with nuclear compartments in human cells (O movimento da cromatina é limitado pela associação com compartimentos nucleares em células humanas). Curr Biol 12: 439-445.

154. Clapier CR, Cairns BR. 2009. The biology of chromatin remodeling complexes (A biologia dos complexos de remodelação da cromatina). Annu Rev Biochem 78:273-304.

155. Clark DJ, Kimura T. 1990. Mecanismo eletrostático de dobragem da cromatina. J Mol Biol 211: 883-96.

156. Cook PR. 1999. A organização da transcrição e da replicação. Ciência 284: 1790-1795.

157. Cook PR, Bazell IA. 1975. Supercoils in human DNA. J Cell Sci 19: 261-279.

158. Courbet S, Gay S, Arnoult N, Wronka G, Anglana M, Brison O, Debatisse M. 2008. O movimento do garfo de replicação define o tamanho do loop de cromatina e a escolha da origem nas células de mamíferos. Nature 455: 557-560.

159. Cui Y, Bustamante C. 2000. Puxar uma única fibra de cromatina revela as forças que mantêm a sua estrutura de ordem superior. Proc Natl Acad Sci 97: 127-32.

160. Daban J-R. 2000. Restrições físicas na condensação de cromossomas eucarióticos. Concentração local de ADN versus rácio de empacotamento linear em estruturas de cromatina de ordem superior. Bioquímica 39: 3861-3866.

161. Daban J-R. 2003. Alta concentração de DNA em cromatina condensada. Biochem Cell Biol 81: 91-99

162. DiBoni U, Mintz AH. 1986. Movimento curvilíneo e tridimensional de domínios de cromatina e nucléolos em núcleos de interfase neuronal. Ciência 234: 863-866.

163. Dietzel S, Schiebel K, Little G, Edelmann P, Rappold GA, Eils R, Cremer C, Cremer T. 1999. O posicionamento 3D dos genes ANT2 e ANT3 nos territórios do cromossoma X feminino está correlacionado com a atividade do gene. Exp Cell Res 252: 363-375.

164. Dorigo B, Schlach T, Kulangara A, Duda S, Schroeder RR, Richmond TJ. 2004. Nucleosome arrays reveal

the two-start organization of the chromatin fiber. Science 306: 1571-1573.

165. Downs JA, Jackson SP. 2004. Um meio para um fim de ADN: The many roles of Ku. Nature Rev Mol Cell Biol 5: 367-378.

166. Earnshaw WC, Laemmli UK. 1983. Architecture of metaphase chromosomes and chromosome scaffolds. J Cell Biol 96: 84-93.

167. Eltsov M, Maclellan KM, Maeshima K, Frangakis AS, Dubochet J. 2008. A análise de imagens de microscopia crioelectrónica não suporta a existência de fibras de cromatina de 30 nm em cromossomas mitóticos in situ. Proc Natl Acad Sci 105: 19732-19737.

168. Fan Y, Nikitina T, Morin-Kensicki EM, Zhao J, Magnuson TR, Woodcock CL, Skoultchi AI. 2003. As histonas de ligação H1 são essenciais para o desenvolvimento do rato e afectam o espaçamento dos nucleossomas in vivo. Mol Cell Biol 23: 4559-72.

169. Fan JY, Rangasamy D, Luger K, Tremethick DJ. 2004. H2A.Z altera a superfície do nucleossoma para promover a dobragem da fibra de cromatina mediada por HP1alpha. Mol Cell 16: 655-61.

170. Fischle W, Wang Y, Jacobs SA, Kim Y, Allis CD, Khourasanizadeh S. 2003. Molecular basis for the discrimination of repressive methyl-lysine marks in histone H3 by Polycomb and HP1 chromodomains. Genes Dev 17:1870-1881.

171. Gall JG. 1981. Chromosome structure and the C-value paradox. J Cell Biol 91: 3s-14s.

172. Gall J, Murphy C. 1998. Imagens em biologia celular. Cromossomas de lâmpada da cromatina do esperma. Trends Cell Biol 8: 207.

173. Gartenberg MR, Neumann FR, Laroche T, Blaszczyk M, Gasser SM. 2004. A repressão mediada por Sir pode ocorrer independentemente dos contextos cromossómico e subnuclear. Célula 119: 955-67.

174. Gaspar-Maia A, Alajem A, Polesso F, Sridharan R, Mason MJ, Heidersbach A, Ramalho-Santos J, McManus MT, Plath K, Meshorer E, et al. 2009. Chd1 regula a cromatina aberta e a pluripotência das células estaminais embrionárias. Nature 460: 863-8.

175. Gasser SM, 2002, Visualizing chromatin dynamics in interphase nuclei (Visualização da dinâmica da cromatina em núcleos interfásicos). Ciência 296: 1412-1416.

176. Gasser SM, Laroche T, Falquet J, Boy de la Tour E, Laemmli UK. 1986. Estrutura do cromossoma metafásico. Envolvimento da topoisomerase II. J Mol Biol 188: 613-29.

177. Gondor A, Ohlsson R. 2009. Chromosome cross-talk in three dimensions. Nature 461: 199-205.

178. Greaves IK, Rangasamy D, Ridgway P, Tremethick DJ. 2007. H2A.Z contribui para a estrutura 3D única do centrómero. Proc Natl Acad Sci 104: 525-530.

179. Grigoryev SA, Arya G, Correll S, Woodcock CL, Schlick T. 2009. Evidência de fibras de cromatina heteromórficas a partir da análise das interacções dos nucleossomas. Proc Natl Acad Sci 106: 13317-22.

180. Hagstrom KA, Meyer BJ. 2003. Condensin and cohesin: Mais do que um compactador de cromossomas e cola. Nat Rev Genet 4: 520-534.

181. Hake SB, Allis CD. 2006. Variantes da histona H3 e seu papel potencial na indexação de genomas de mamíferos: A "hipótese do código de barras H3". Proc Natl Acad Sci 103: 6428-35.

182. Hancock R. 2004a. A role for molecular crowding effects in the assembly and function of compartments in the nucleus. J Struct Biol 146: 281-290.

183. Hancock R. 2004b. Organização interna do núcleo: Montagem de compartimentos por aglomeração macromolecular e o modelo da matriz nuclear. Biol Cell 96: 595-601.

184. Hartl TA, Smith HF, Bosco G. 2008. O alinhamento e a transvecção dos cromossomas são antagonizados pela condensina II. Science. 322: 1384-7.

185. Heitz E. 1928. Das Heterochromatin der Moose, 1, Jahrb Wiss Bot 69: 762-818.

186. Heun P, Laroche T, Shimada K, Furrer P, Gasser SM. 2001. Dinâmica dos cromossomas no núcleo interfásico da levedura. Ciência 294: 2181-2186.

187. Hines KA, Cryderman DE, Flannery KM, Yang H, Vitalini MW, Hazelrigg T, Mizzen CA, Wallrath L. 2009. Domínios de HP1 necessários para a propagação da heterocromatina de Drosophila melanogaster. Genetics. 182: 967-77.

188. Hirano T. 2006. No coração do cromossoma: As proteínas SMC em ação. Nat Rev Mol Cell Biol 7: 311-322.

189. Hirano T, Mitchison. 1993. A Topoisomerase II não desempenha um papel de andaime na organização de cromossomas mitóticos montados em extractos de ovos de Xenopus. J Cell Biol 120: 601-612.

190. Horowitz RA, Agard DA, Sedat JM, Woodcock CL. 1994. The three dimensional archeitecture of chromatin in situ: Electron tomography reveals fibers composed of a continuously variable zigzag nucleosomal ribbon. J Cell Biol 125: 1-10.

191. Houchmandzadeh B, Marko JF, Chatenay D, Libchaber A. 1997. Elasticidade e estrutura de cromossomas eucariotas estudados por micromanipulação e aspiração de micropipetas. J Cell Biol 139: 1-12.

192. Hu Y, Kireev I, Plutz M, Ashourian N, Belmont AS. 2009. Estrutura da cromatina em grande escala de genes induzíveis: Transcrição num modelo condensado e linear. J Cell Biol 185: 87-100.

193. Huang B, Bates M, Zhuang X. 2009. Microscopia de fluorescência de super-resolução. Annu Rev Biochem 78: 993-1016.

194. Huebner MR, Spector DL. 2010. Chromatin dynamics (Dinâmica da cromatina). No prelo.

195. Jacobs SA, Khorasanizadeh S. 2002. Estrutura do cromodomínio HP1 ligado a uma cauda de histona H3 metilada com lisina 9. Science 295: 2080-2083.

196. Jenuwein T, Allis CD. 2001. T ranslating the histone code. Science 293: 1074-80.

197. Jiang C, Pugh BF. 2009. Posicionamento dos nucleossomas e regulação dos genes: Advances through genomics. Nat Rev Genet 10: 161-72.

198. Kadauke S, Blobel GA. 2009. Loops de cromatina na regulação de genes. Biochim Biophys Ata 1789: 1725.

199. Kireev I, Lakonishok M, Liu W, Joshi VN, Powell R, Belmont AS. 2008. A marcação com imunogold in vivo confirma os motivos de dobragem da cromatina em grande escala. Nat Methods 5: 311-313.

200. Kireeva N, Lakonishok M, Kireev I, Hirano T, Belmont AS. 2004. Visualização da condensação precoce dos cromossomas: Um modelo de dobragem hierárquica e cola axial da estrutura cromossómica. J Cell Biol 166: 775-785.

201. König P, Braunfeld MB, Sedat JW, Agard DA. 2007. The three-dimensional structure of in vitro reconstituted Xenopus laevis chromosomes by EM tomography. Chromosoma 116: 349-372.

202. Kosak ST, Skok JA, Medina KL, Riblet R, Le Beau MM, Fisher AG, Singh H. 2002. Subnuclear compartmentalization of immunoglobulin loci during lymphocyte development. Science 296: 158-62.

203. Kouzarides T. 2007. Chromatin modifications and their function (Modificações da cromatina e sua função). Célula 128: 693-705.

204. Kruhlak MJ, Celeste A, Nussenzweig A. 2006. Dinâmica espácio-temporal da cromatina contendo quebras de DNA. Ciclo Celular 5: 1910-1912.

205. Kruithof M, Chien FT, Routh A, Logie C, Rhodes D, van Noort J. 2009. A espetroscopia de força de molécula única revela uma dobragem helicoidal altamente compatível para a fibra de cromatina de 30 nm. Nat Struct Mol Biol 16: 534-40.

206. Noordermeer, D. et al. (2011) A arquitetura dinâmica dos grupos de genes Hox. Science 334, 222225

207. Andrey, G. et al. (2013) Uma alternância entre domínios topológicos está na base da colinearidade dos

genes HoxD nos membros dos ratos. Science 340, 1234167

208. Berlivet, S. et al. (2013) O agrupamento de sub-TADs específicos do tecido acompanha a regulação dos genes HoxA nos membros em desenvolvimento. PLoS Genet. 9, e1004018

209. Montavon, T. et al. (2011) Um arquipélago regulador controla a transcrição dos genes Hox em dígitos. Célula 147,1132-1145

210. Soshnikova, N. et al. (2010) Análise funcional do CTCF durante o desenvolvimento dos membros dos mamíferos. Dev. Cell 19, 819-830

211. Kim, Y.J. et al. (2011) Um mecanismo conservado e regulado pelo desenvolvimento associa o looping cromossómico e a atividade de barreira da heterocromatina no locus do gene homeobox A. Proc. Natl. Acad. Sci.U.S.A. 108, 7391-7396

212. Rousseau, M. et al. (2013) Hox em movimento: rastreando a conformação do cluster HoxA durante a diferenciação. Nucleic Acids Res. http://dx.doi.org/10.1093/nar/gkt998

213. Eskeland, R. et al. (2010) Ring1B compacta a estrutura da cromatina e reprime a expressão genética independentemente da ubicuitinação de histonas. Mol.Cell 38, 452-464

214. Revisão Tendências em Biologia Celular xxx xxxx, Vol. xxx, No. x TICB-1079; Nº de Páginas 99

215. Degner, S.C. et al. (2009) Cutting edge: recrutamento específico de cohesin para sítios CTCF ao longo de loci de imunoglobulinas durante o desenvolvimento de linfócitos B. J. Immunol. 182, 44-48

216. Degner, S.C. et al. (2011) O fator de ligação CCCTC (CTCF) e a coesão influenciam a arquitetura genómica do locus Igh e a transcrição antisense em células pró-B. Proc. Natl. Acad. Sci. U.S.A.

108, 9566-9571

217. Guo, C. et al. (2011) Duas formas de laços geram a conformação da cromatina do locus do gene da cadeia pesada de imunoglobulina. Célula 147, 332-343

218. Guo, C. et al. (2011) Os elementos de ligação CTCF medeiam o controlo da recombinação V(D)J. Natureza 477, 424-430

219. Ribeiro de Almeida, C. et al. (2011) A proteína de ligação ao ADN CTCF limita a recombinação Vkappa proximal e restringe as interacções do potenciador kappa ao locus da cadeia leve da imunoglobulina kappa. Immunity 35, 501-513

220. Guo, C.G. et al. (2011) Os elementos de ligação CTCF medeiam o controlo da recombinação V(D)J. Natureza 477, 424

221. Chen, W.V. e Maniatis, T. (2013) Protocadherins agrupados. Desenvolvimento 140, 3297-3302

222. Guo, Y. et al. (2012) O looping de ADN mediado por CTCF/cohesin é necessário para a escolha do promotor da protocadherina alfa. Proc. Natl. Acad. Sci. U.S.A.109, 21081-21086

223. Monahan, K. et al. (2012) Papel do fator de ligação CCCTC (CTCF) e da coesina na geração da diversidade unicelular da expressão do gene da protocadherina-alfa. Proc. Natl. Acad. Sci. U.S.A.

109, 9125-9130

224. Hirayama, T. et al. (2012) O CTCF é necessário para o desenvolvimento neural e a expressão estocástica de genes Pcdh agrupados em neurónios. Cell Rep.2, 345-357

225. Kehayova, P. et al. (2011) Elementos reguladores necessários para a ativação e repressão do cluster do gene protocadherin-a. Proc.Natl. Acad. Sci. U.S.A. 108, 17195-17200

MIX
Papier aus verantwortungsvollen Quellen
Paper from responsible sources
FSC® C105338

Printed by Books on Demand GmbH, Norderstedt / Germany